图说数学

初中数学课外拓展读物

走进迷人的数与形

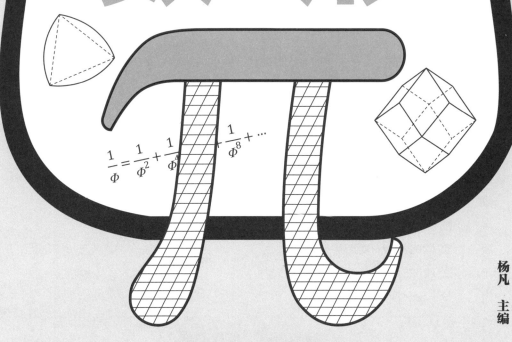

$$\frac{1}{\Phi} = \frac{1}{\Phi^2} + \frac{1}{\Phi^4} + \frac{1}{\Phi^8} + \cdots$$

杨凡 主编

华东理工大学出版社
EAST CHINA UNIVERSITY OF SCIENCE AND TECHNOLOGY PRESS

·上海·

图书在版编目（CIP）数据

走进迷人的数与形 / 杨凡主编 . — 上海：华东理
工大学出版社，2023.7

ISBN 978-7-5628-7252-8

Ⅰ . ①走… Ⅱ . ①杨… Ⅲ . ①数学 – 青少年读物
Ⅳ . ①O1–49

中国国家版本馆 CIP 数据核字（2023）第 109261 号

策划编辑 / 郭　艳

责任编辑 / 王可欣

责任校对 / 石　曼

装帧设计 / 居慧娜　王吉辰

出版发行 / 华东理工大学出版社有限公司

地　址：上海市梅陇路130号，200237

电　话：021-64250306

网　址：www.ecustpress.cn

邮　箱：zongbianban@ecustpress.cn

印　刷 / 上海邦达彩色包装印务有限公司

开　本 / 710mm×1000mm　1/16

印　张 / 8.5

字　数 / 117千字

版　次 / 2023年7月第1版

印　次 / 2023年7月第1次

定　价 / 40.00元

序 言

这本《走进迷人的数与形》，内容通俗易懂，而又有相当的深度。

我最喜爱第二篇第 11 节白银家族中介绍的萨默维尔四面体，这种四面体可以填满整个空间而无空隙，它是除正四面体之外的"最美四面体".

作者指出，每个读者都可以制作这样的一个四面体，只要取一张普通的 A4 纸，以相邻两条边的中点连线为折痕，将这张纸进行折叠，使四个顶点聚成一点，即可得到这种四面体（高中同学可以知道这个四面体有两条对棱的长为 1，另外四条棱的长为 $\frac{\sqrt{3}}{2}$，4 个二面角为 60°，2 个二面角为 90°).

纵观全书，可以看出作者不仅能汇聚各种数学"食材"，而且是一位"烹饪"的高手。这本书就是他做成的美味佳肴，可供大家尽情品尝.

做喜欢做的事 单墫

杨乐

谁来与我乾杯

午夜人犹未醉

录古龙句赠

单墫

前　言

　　本书从"数之奇趣""大千图形""谜题世界"三个篇章入手，用 33 个小节，尽可能通俗地给大家介绍了数学有趣的一面．每小节后面均配有有趣的题目，便于同学们加深对书中内容的理解．

　　我特别赞同诺贝尔物理学奖得主费曼的观点，"知道一个东西的名字"和"真正懂得一个东西"是不一样的．希望同学们在阅读本书的时候也是一样，不要停留在知道一个概念或问题上，更重要的是要知道为什么是这样，以及如何用自己的语言表述出来，最后自己提出新的问题．

　　感谢我的妻子秋林捷为本书绘制了许多精美的插图并料理家务，感谢单墫教授、梁进教授为本书热情推荐，感谢苏州大学张影教授为本书的素材选取提供宝贵的意见，感谢华东理工大学出版社的编辑们的细致审核，感谢赵学志、李建华、邵红亮、杨志青、李有华、倪先德、傅薇、朱彤、邵勇、刘夙、陈建康、刘洋洲、常文武、应长丰、王东风、王晟渊、卢源、赵越、武元元、王国伟、梁海声、高福龙、张皓晓、李烨、李萌、吴旭明、李仕捷、赵彬舒、常方圆、吴黎、靳晓黎、张羿、林培俊、刘畅、潘俊名、安攀颉、颜良竹等前辈及好友和我一起讨论相关的问题，感谢顾森、刘瑞祥、李想、鲍宏昌对书中多面体图片的绘制提供帮助．本书采用了几何画板、Mathematica、3D builder 等软件绘图，书中个别图片来自包图网、pixabay 等图片网站，在此一并表示感谢．

　　本书的参考文献中列出了很多内容丰富的书目和网站，供同学们进一步阅览．也欢迎关注我的公众号"小谜题大世界"．

　　道阻且长，行则将至．希望能为同学们探索更广阔的数学世界打开一扇窗．

编者

目 录

第一篇　数之奇趣

第二篇　大千图形

第三篇　谜题世界

添加小助手为好友
免费加入初中数理化答疑群

第一篇

数
之
奇
趣

不管是引人入胜的数字黑洞，还是神秘莫测的斐波那契数列，都在谱写着关于数的壮丽篇章.

数字黑洞

相信同学们都听说过黑洞吧，它是宇宙中的一种超大质量的天体，因其具有极其强大的引力，光都不能从中逃离. 在银河系的中心，就有一个超大质量的黑洞——人马座 A*（图1）. 类似地，对给定的自然数，按照某种运算法则进行运算，最终一定会得到一个确定的结果，数学家把这种现象叫作**数字黑洞**. 下面介绍一些经典的数字黑洞（这里不涉及证明，感兴趣的同学可以自行探究）.

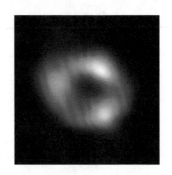

图 1

 一、153 黑洞

如图2，任写一个 3 的倍数，先把其各个数位上的数字的立方相加，得出和，再把和的各个数位上的数字的立方相加，得出和……如此反复进行运算，最后必将得到 153，并不再改变.

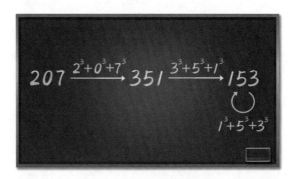

图 2

二、123 黑洞

任意给定一个正整数，数出其各个数位上的数字中的偶数个数、奇数个数及总个数，并按顺序排在一起，就会得到一个新数. 将得到的这个新数重复上述步骤，最终必然会得到 123，并不再改变.

以笔者的生日"19930518"为例，只需 3 步便掉入了黑洞，如图 3.

图 3

在古希腊神话中，西西弗斯触犯了众神，被罚把一块大石头推到高高的山顶上（图 4）. 但由于这块石头太重了，每当接近山顶时石头就会滚下来，于是他只得重新把石头推向山顶，永无休止. 因此 123 也被称作**西西弗斯串**.

图 4

三、6174 黑洞

如图 5，任取一个 4 个数字不完全相同的四位数，将这 4 个数字重新组合，可以得到一个最大数和一个最小数（规定 0 可以放在首位，如"0123"表示 123），用这个最大数减去最小数，得到差，然后对得到的差重复上述步骤，最后必定会得到 6174，并不再改变.

图 5

这个运算现象是印度数学家卡普雷卡尔于 1955 年首先发现的，因此 6174 也被称作**卡普雷卡尔常数**.

 四、13 黑洞

如图 6, 任取一个自然数, 先将其各个数位上的数字相加, 再将所得的和乘 3、加 1. 重复上述步骤，最终必定会得到 13.

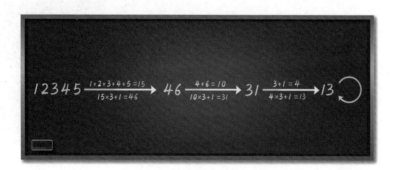

图 6

 五、4-2-1 黑洞

如图 7, 任取一个正整数, 如果它是偶数, 就除以 2; 如果它是奇数, 就乘 3、加 1. 这样运算后，我们会得到一个新的正整数. 重复上述步骤，在目前计算机所验证的范围内，总会得到 4-2-1 的循环.

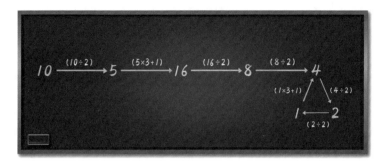

图7

这就是著名的 **3X+1** 问题，也叫冰雹猜想、角谷猜想、科拉茨猜想等. 与前述数字黑洞不同，这至今仍是一个未解之谜.

2019 年，著名数学家陶哲轩借助偏微分方程（PDE）在 3X+1 问题上取得了重大的进展，"几乎"证明了这个猜想. 当然，从"几乎"到"完全"可能还有很长的一段路要走.

思考题

1. 任写一个正整数，先把其各个数位上的数字的平方相加，得出和，再把和的各个数位上的数字的平方相加……如此反复进行运算，它的结果有两种，可能是 1（例如 $28 \to 68 \to 100 \to 1$），也可能是一个循环：$145 \to 42 \to \cdots \to 89 \to 145$. 你能把这个循环补充完整吗？

2. 任取一个 3 个数字不全相同的三位数，在进行与 6174 黑洞类似的运算后，也能得到一个固定的数. 你知道是多少吗？

3. 在研究 4-2-1 黑洞时，人们发现，27 变到 1 竟然需要 111 步. 你能再写一个需要 111 步才能变到 1 的数吗？

形数

形数，顾名思义，就是可以排成一定规则形状的点的数量. 形数由古希腊的毕达哥拉斯学派最先研究，当时的形数指的是多边形数，后来又推广为中心多边形数、棱锥数、立方体数等各种各样的形数.

一、多边形数

如图 1，多边形数所对应的图形是由边长为 1，2，3，…的同一种正多边形从一个角出发，向外发散而形成的，其特征如表 1 所示.

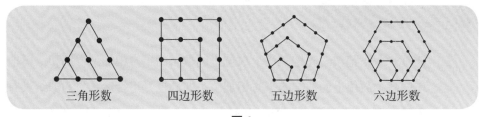

三角形数   四边形数   五边形数   六边形数

图 1

表 1 多边形数的特征及通项公式

n	n 边形数	相邻两数之差	第 m 项的通项公式
3	1，3，6，10，15，…	2，3，4，5，…	$\dfrac{m(m+1)}{2}$
4	1，4，9，16，25，…	3，5，7，9，…	m^2
5	1，5，12，22，35，…	4，7，10，13，…	$\dfrac{m(3m-1)}{2}$
6	1，6，15，28，45，…	5，9，13，17，…	$2m^2-m$
…	…	…	…
k	1，k，$3k-3$，$6k-8$，…	$k-1$，$2k-3$，$3k-5$，…	$\dfrac{m[(k-2)m+4-k]}{2}$

形形色色的多边形数有着各自独特的性质. 比如：

（1）三角形数就是前 n 个正整数之和，它在杨辉三角中排在第三斜行．

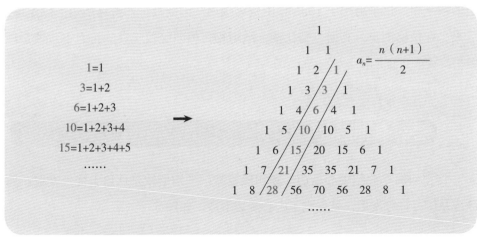

1=1
3=1+2
6=1+2+3
10=1+2+3+4
15=1+2+3+4+5
……

$a_n = \dfrac{n(n+1)}{2}$

图2

（2）四边形数也叫**平方数**，其相邻两数之差构成了从 3 开始的奇数数列．

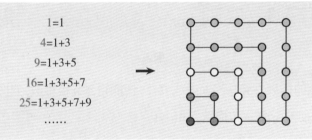

1=1
4=1+3
9=1+3+5
16=1+3+5+7
25=1+3+5+7+9
……

图3

（3）五边形数有一个独特的性质：第 m 个五边形数 = 第（$m-1$）个三角形数 $\times 3+m$．例如当 $m=5$ 时，$35=10\times 3+5$．

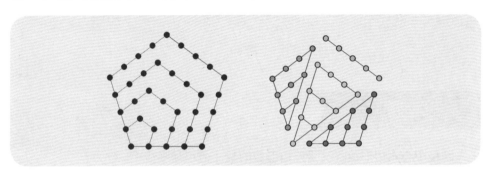

图4

n 边形数也有一些共同的性质，比如任何一个正整数都能表示为最多 n 个 n 边形数之和，这个猜想于 1636 年由费马提出，因此被称作**费马多边形数定理**。后来，在拉格朗日、高斯、勒让德、纳坦松、柯西等数学家的接力下，该定理才最终得到了证明。

二、其他形数

这里只简单介绍**中心多边形数**和**棱锥数**。多边形数是从角上往外发散，若改成从中心往外发散，就得到了中心多边形数，如图 5。

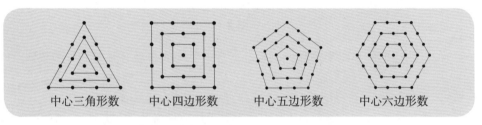

中心三角形数　　中心四边形数　　中心五边形数　　中心六边形数

图 5

如果将点的排列方式从平面改成立体，便能得到 n 棱锥数，如图 6。可以看出，n 棱锥数就是前若干个 n 边形数之和。

三棱锥数　　　四棱锥数（金字塔数）　　　五棱锥数

图 6

思考题

既是中心六边形数，又是三角形数的数，最小是多少？

自恋数

自恋数，也叫自幂数、超完全数字不变数，是指一个 n 位的正整数，它各个数位上的数字的 n 次方之和（也叫**幂和**），结果等于它本身，例如 $153=1^3+5^3+3^3$. 除了 153 以外，三位自恋数还有 3 个：370、371、407. 十位以内的自恋数一共有 32 个，它们被赋予了好听的名字，如表 1 所示.

表1 10位以内的自恋数

独身数 1、2、3、4、5、 6、7、8、9	水仙花数 153、370、371、407	四叶玫瑰数 1634、8208、9474
五角星数 54748、92727、93084	六合数 548834	北斗七星数 1741725、4210818、 9800817、9926315
八仙数 24678050、24678051、 88593477	九九重阳数 146511208、472335975、 534494836、912985153	十全十美数 4679307774

我们自然会想到的问题是，自恋数有无穷多个吗？利用指数函数增长得比一次函数快的特点，不难证明自恋数的个数是有限的. 事实上，自恋数一共有 88 个，其中最大的自恋数有 39 位：

115 132 219 018 763 992 565 095 597 973 971 522 401

思考题

1. 从 59 开始，不断地求幂和，最终会变成某个固定的数吗？从 89 开始呢？

2. 在括号里分别填入 1、4、5、5 和 3、4、5、5，使等式成立.

(1) $4155=4^{(\ )}+1^{(\ )}+5^{(\ )}+5^{(\ )}$ (2) $3545=3^{(\ )}+5^{(\ )}+4^{(\ )}+5^{(\ )}$

一个自然数，如果它的平方的末尾还是这个数，就叫作**自守数**，例如 $25^2=625$，$76^2=5776$.

前几个自守数如表 1 所示（这里不考虑 0 和 1）：

表 1　前几个自守数

1 位自守数	5	6
2 位自守数	25	76
3 位自守数	625	376
4 位自守数		9376
5 位自守数	90625	
……	…	…

填空并猜想，自守数具有哪些性质呢？

❶　5+6=（　　）　　❷　5×6=（　　），末尾有（　　）个 0

25+76=（　　）　　25×76=（　　），末尾有（　　）个 0

625+376=（　　）　　625×376=（　　），末尾有（　　）个 0

自守数有很多有趣的性质，例如：（1）自守数只能以 5 或 6 结尾；（2）自守数有无穷多个，且 k（k 为正整数，下同）位自守数源于 $k-1$ 位自守数；（3）k 位自守数有 1 个或 2 个，并且若 k 位自守数有 2 个，则它们的和等于 10^k+1，它们的积的末尾有 k 个 0.

思考题

10 位自守数有 2 个，其中一个是 8212890625，你能写出另一个吗？

回文数

　　回文是指顺读或倒读均可的语句，例如有趣的回文对联："上海自来水来自海上，黄山落叶松叶落山黄"．数学中也有一类数，它们有着类似的特征，被称为**回文数**，比如 44、313、7997 等．有一种比较特殊的回文数叫作**回文素数**，10000 以内的回文素数有 20 个：2，3，5，7，11，101，131，151，181，191，313，353，373，383，727，757，787，797，919，929．

　　另外，比较有趣的回文数还有贝尔芬格素数：1000000000000006660000000 0000001（也有人称这个数为"人面兽心回文素数"，因为在西方，666 是邪恶的象征，也叫魔鬼数）；"山顶数"，如 12345678987654321（$=111111111^2$）；以及对称幂回文数，如 262（$=2^7+6^1+2^7$），4224（$=4^3+2^{11}+2^{11}+4^3$）．

　　关于回文数，有一个有趣的现象：把一个自然数和它的倒序数（倒过来写的数）相加，就得到一个新数．将这个新数不断重复此步骤，几乎总能得到回文数．例如 67+76=143，143+341=484．然而有一些特殊的数，利用计算机进行大量计算之后仍未发现回文数，其中最小的一个数就是 196．事实究竟如何，至今仍是一个未解之谜．

思考题

1. 在 21 世纪的日期中，像 20200202 这样的"回文数"日期有多少个？
2. 是否存在位数为 4 的回文素数？为什么？

斐波那契数列

斐波那契数列是这样一个数列：1，1，2，3，5，8，13，21，34，…，即前两项为1，1，从第3项开始，每一项都等于前两项之和.

斐波那契数列最初来源于意大利数学家斐波那契在《算盘书》中提出的一个有趣的兔子问题. 如图1，假设有1对刚出生的兔子，它们1个月后长成大兔子，2个月后又可以生出1对性别不同的小兔子，并且以后每个月都能再生1对. 照此规律，一年以后一共有多少对兔子？

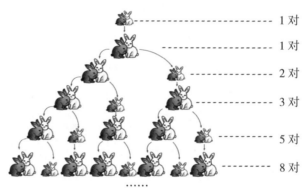

1 对
1 对
2 对
3 对
5 对
8 对
……

图1

分析可知，某个月后的兔子对数＝大兔子的对数(等于1个月前的兔子对数)＋小兔子的对数（等于2个月前的兔子对数），因此从第3个月开始，每个月的兔子对数都等于前两个月的兔子对数之和. 又因为前两个月的兔子对数都是1，恰好符合斐波那契数列的定义，因此一年后兔子有1+1+2+3+5+8+13+21+34+55+89+144=376（对）.

虽然斐波那契数列是一个数学概念，但在大自然中却经常出现. 很多植物的种子的螺旋数就是斐波那契数，例如松果、向日葵、菠萝等. 以图2中的向日葵为例，顺时针螺旋有34条，逆时针螺旋有55条（不信可以自己数一数），而34和55就是两个相邻的斐波那契数.

图 2

事实上，从数学的角度，斐波那契数列本身就有非常有趣的性质.

(1) 斐波那契数列前项与后项之比越来越接近黄金比例 Φ（≈ 1.6180）.

$1 : 1 = 1$	$13 : 8 = 1.625$
$2 : 1 = 2$	$21 : 13 \approx 1.6154$
$3 : 2 = 1.5$	$34 : 21 \approx 1.6190$
$5 : 3 \approx 1.6667$	$55 : 34 \approx 1.6176$
$8 : 5 = 1.6$	$89 : 55 \approx 1.6182$

……

(2) 以斐波那契数为边作一系列的正方形，并将每个正方形的 $\frac{1}{4}$ 弧线首尾依次连起来，会得到一条螺旋状的曲线（图 3），就像鹦鹉螺的壳.

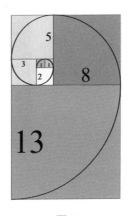

(3) 斐波那契数列的前 n 项之和等于第 $(n+2)$ 项减 1，例如 $1+1+2+3+5+8+13+21=55-1=54$.

斐波那契数列广泛应用于建筑、艺术等各个领域，其蕴藏着的无穷魅力，等待着同学们去不断探索.

图 3

思考题

巧算：$21+34+55+89+144+233+377+610+987+1597=$ _____.

黄金比例由毕达哥拉斯学派最先发现. 如图1, 把一条线段分割为长度为 a 和 b 的两部分 $(a>b)$, 使全长（$a+b$）与较大部分 a 的比等于较大部分 a 与较小部分 b 的比, 这个比值就叫作黄金比例, 或**黄金分割**. 黄金比例通常用大写的希腊字母 Φ（读作 fài）表示, 其值为 $\dfrac{\sqrt{5}+1}{2} \approx 1.618$[①].

$$\underbrace{\overbrace{\qquad\qquad}^{a}\ \overbrace{\qquad}^{b}}_{a+b} \qquad \frac{a+b}{a}=\frac{a}{b}$$

图 1

黄金比例 Φ 有很多有趣的性质, 如图2.

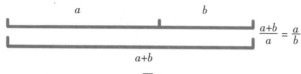

$$\frac{1}{\Phi}=\Phi-1 \qquad \frac{1}{\Phi}=\frac{1}{\Phi^2}+\frac{1}{\Phi^4}+\frac{1}{\Phi^6}+\cdots$$

$$\Phi=1+\cfrac{1}{1+\cfrac{1}{1+\cfrac{1}{1+\cdots}}} \qquad \Phi=\sqrt{1+\sqrt{1+\sqrt{1+\cdots}}}$$

图 2

虽然黄金比例是一个数, 但却常出现在几何图形中. 如图3, 画一个正五边形, 连接所有的对角线, 就会得到一个漂亮的正五角星. 其中一共有 4 种不同长度的线段, 将它们的长度从大到小排列, 每相邻的两种长度之比都是黄金比例.

---

① $\varphi=\dfrac{\sqrt{5}-1}{2} \approx 0.618$ 也被称为黄金比例, 这里强调的是 Φ, 为的是第9节的"金属比例"可以有一个统一的定义。

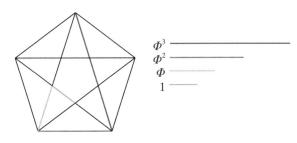

图 3

由黄金比例还衍生出很多新的数学概念，例如图 3 中的所有锐角三角形都是顶角为 36° 的等腰三角形，它们被称作**黄金三角形**. 黄金三角形有一个神奇的性质，那就是作黄金三角形的底角的角平分线，产生的锐角三角形依然是黄金三角形.

类似地，长与宽之比为黄金比例的矩形，被称为**黄金矩形**. 在黄金矩形中切掉一个最大的正方形，产生的新矩形也是黄金矩形，如图 4.

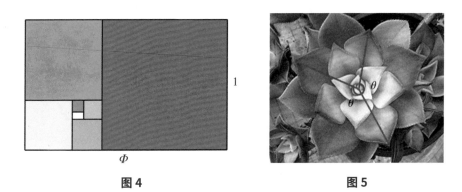

图 4   图 5

除了几何图形，黄金比例在大自然中也比比皆是. 例如很多植物的叶子以螺旋式的方式生长（如图 5 中的红缘莲花掌），若记其相邻两片叶子之间的夹角为 θ，则 360° 与 θ 的比值接近黄金比例（θ 约为 137° 28′）. 有观点认为这种生长方式有利于植物获取阳光、收集雨水.

历史上很多经典的建筑或艺术作品中也都有黄金分割的身影，例如古希腊的《断臂的维纳斯》（图 6）、帕特农神庙（图 7）等.

图 6

图 7

如图 8，将三张黄金矩形纸片的中心重合在一起，两两垂直放置，此时这 12 个顶点构成一个什么样的多面体？

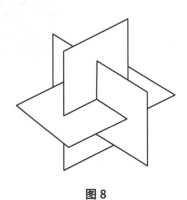

图 8

$$\sqrt{2}$$

说到 $\sqrt{2}$，相信同学们都不陌生，它就是边长为 1 的正方形的对角线的长度. 然而你知道吗，$\sqrt{2}$ 的发现曾经还引发了第一次数学危机！

古希腊的毕达哥拉斯学派相信"**万物皆数**"，即世间的一切量均能表示成整数与整数之比. 换句话说，任意两个数都是**可公度**的. 用数学的语言表示如下：对于任意的两个数 a、b，总能找到第三个数 c，使得 a、b 均为 c 的整数倍. 然而希帕索斯发现了 $\sqrt{2}$ 与 1 不符合这个规律，从而破灭了这个神话，传说因此被扔下了大海.

图 1

关于"可公度"这个概念，有一个生活中的例子. 如图 1，在混凝土马路上，因为热胀冷缩的原因，每隔 4~6 米会设置一条伸缩缝. 若人的脚与一条缝隙对齐，然后以固定的步长往前走，走到下一条缝隙时往往会超过一点或差一点.

假设两条缝隙之间的宽度为 s，步长为 l，"可公度"相当于是说，在有限步之内，我们必定会正好走到某一条缝隙的地方. 而事实上，当 $s:l=\sqrt{2}$ 时，不管走多远，都不会正好到达另一条缝隙处. 这就是因为 $\sqrt{2}$ 与 1 是不可公度的.

$\sqrt{2}$ 这一比值在东方国家应用得很广泛，例如中国的文殊殿，日本的哆啦 A 梦，韩国的定林寺等. 中国学者蒋迅建议称其为东方分割率，以区别于白银比例.

思考题

人们常用的 A 系列办公用纸的长宽比就是 $\sqrt{2}$，你知道这一比例的好处吗？

金属比例

回想一下黄金比例的定义，我们可以类似地给出白银比例的定义：如图 1，把一条线段分成 3 段，其中 2 段的长度为 a，1 段的长度为 b（$a > b$），若全长（$2a+b$）与 a 的比等于 a 与 b 的比 $\left(\dfrac{2a+b}{a} = \dfrac{a}{b} \right)$，这个比值就叫作**白银比例**. 设 $\dfrac{a}{b} = x$，则有 $2 + \dfrac{1}{x} = x \Leftrightarrow x^2 - 2x - 1 = 0 \Leftrightarrow x = \sqrt{2} + 1$. 所以白银比例的值为 $\sqrt{2} + 1$.

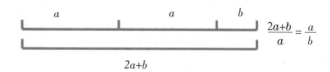

图 1

类似地，如图 2，把一条线段分成（$n+1$）段，其中 n 段的长度为 a，1 段的长度为 b. 若 $\dfrac{na+b}{a} = \dfrac{a}{b}$，则这一比例被称作**金属比例**. 可以看出，黄金比例和白银比例分别是当 $n=1$ 和 $n=2$ 时的特殊情形. 同样地，当 $n=3$ 时被称为青铜比例，其值为 $\dfrac{3 + \sqrt{13}}{2}$.

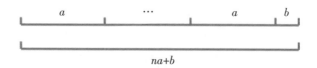

图 2

我们知道，长与宽之比为黄金比例 $\varPhi$ 的矩形被称为黄金矩形. 在黄金矩形中剪去 1 个最大的正方形，得到的还是黄金矩形 $\left(\dfrac{a+b}{a} = \dfrac{a}{b} \right)$. 类似地，在一个矩形中剪去 n 个相同且最大的正方形，若剩下的矩形与原矩形相似，则这种矩形被称为**金属矩形**. 如图 3，当 $n=1$ 时，为黄金矩形；当 $n=2$ 时，为白银矩形……

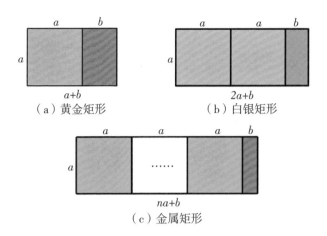

（a）黄金矩形　　　（b）白银矩形

（c）金属矩形

图 3

依次连接白银矩形的四边中点，会得到一个菱形，我们不妨称其为"**白银菱形**"．利用余弦定理可以算得，它的锐角内角恰好为 45°．神奇的是，若将三个相同的白银菱形如图 4 所示摆放，会得到一个更大的白银菱形．更有趣的是，白银菱形和正方形能用多种方式密铺平面（图 5）．

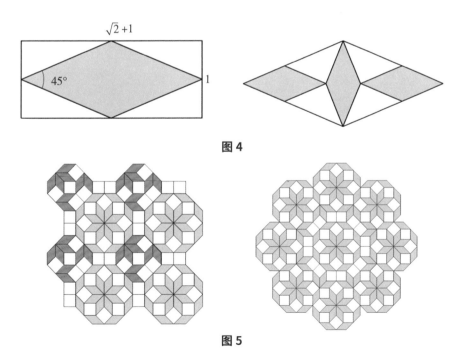

图 4

图 5

1. 你能给出金属比例的一般表达式吗?

2. 如图 6, 正五边形中对角线与边长之比正好是黄金比例. 类似地, 你能在正八边形中找到白银比例吗?

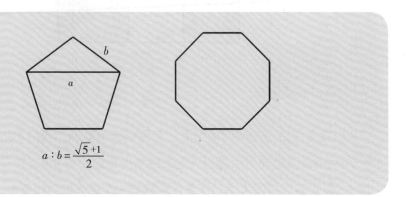

$$a:b=\frac{\sqrt{5}+1}{2}$$

图 6

第二篇

大千图形

大自然中到处都能找到几何图形，它们有的简单至美，有的复杂多变．

正多边形

正多边形是几何学中的基本图形，由于其独特的对称性，受到古今数学家们的青睐. 这里介绍关于正多边形的两个问题——利用正多边形作特殊角、什么是"正 2.5 边形".

 ## 一、利用正多边形作特殊角

在初中阶段，有一些角度是经常遇到的，比如 22.5°、20°、18°、15°及这些角度的整数倍. 观察发现，这些角度对应的数有一个共同的特点，就是能整除 180：$180 \div 22.5 = 8$，$180 \div 20 = 9$，$180 \div 18 = 10$，$180 \div 15 = 12$. 因此，要作出这些特殊角，我们可以借助正多边形.

如图 1，以正十二边形为例，其 12 个顶点将其外接圆划分为 12 段弧，每段弧所对的圆心角为 $360° \div 12 = 30°$. 根据**圆周角定理**（一条弧所对的圆周角等于它所对的圆心角的一半），可知每段弧所对的圆周角为 15°. 这样，n 段弧所对的圆周角之和就是 $n \times 15°$，于是便能很容易地构造出 15°的整数倍.

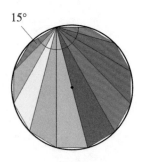

图 1

类似地，要作出 22.5°、20°、18°及其整数倍，我们只需分别借助正八边形、正九边形和正十边形即可，如图 2.

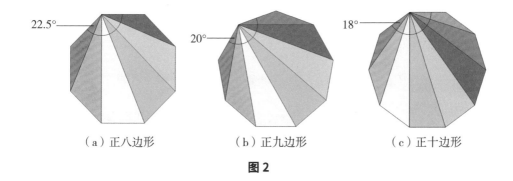

（a）正八边形　　　　　（b）正九边形　　　　　（c）正十边形

图 2

 二、什么是"正 2.5 边形"

我们熟悉的正多边形，其边数都是大于 3 的正整数．不知道你是否想过，有没有"正 2.5 边形"呢？先别急着摇头，数学家们总是喜欢对数学概念进行推广，例如将数的概念从整数推广到有理数，再推广到实数、复数甚至四元数、八元数．类似地，我们也可以考虑将正 n 边形中的 n 推广到有理数．

我们知道，所有的正多边形有一个共同的特点，即外角和为 360°．一只蚂蚁在边数为 n 的正多边形边上爬行，每当经过一个顶点时，其前进方向需向同一方向（顺时针或逆时针）旋转 $\alpha = \left(\dfrac{360}{n}\right)^{\circ}$，如图 3.

例如，当 $n=3$ 时，$\alpha=120°$；当 $n=4$ 时，$\alpha=90°$；当 $n=5$ 时，$\alpha=72°$……依此类推，令 $n=2.5$，可以求得 $\alpha=144°$．再根据正多边形的每条边一样长，就能作出蚂蚁的运动路径（图 4），结果得到一个正五角星——原来这就是"正 2.5 边形"！

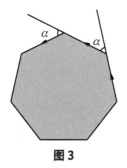

图 3

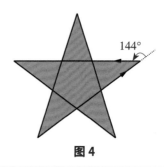

图 4

我们可以类似地定义，若蚂蚁经过每个顶点时，前进的方向都向同一方向旋转 $x°$，对应的就是正 $\dfrac{360}{x}$ 边形.

如图 5，连接正五角星的五个顶点，形成一个正五边形. 可能你注意到了，2.5 化为最简分数是 $\dfrac{5}{2}$，分子上的 5 对应了正五边形，那么分母上的 2 对应什么呢？原来，2 对应了正五角星的每条线段的 2 个端点在正五边形上的间隔数.

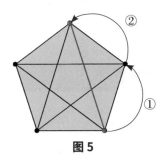

图 5

其实我们也可以这样来构造正 $\dfrac{n}{m}$ 边形：在正 n 边形中，沿顺时针或逆时针方向每经过 m 个顶点连一条线段，形成的图形就是正 $\dfrac{n}{m}$ 边形.

思考题

如图 6，给定正九边形、正十边形、正十二边形，你能按要求作图吗？

（1）作出内角分别为（40°，60°，80°）（45°，60°，75°）（54°，54°，72°）的三角形；

（2）作出正 $\dfrac{7}{3}$ 边形、正 $\dfrac{11}{5}$ 边形、正 $\dfrac{17}{3}$ 边形.

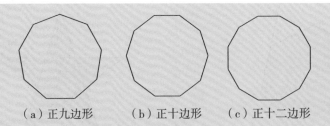

（a）正九边形　　　（b）正十边形　　　（c）正十二边形

图 6

 一、五联骨牌简介

　　五联骨牌也叫**五连方**，是一种经典的几何拼图玩具．每块五联骨牌由 5 个相同的正方形通过边与边拼接而成．不考虑镜像和旋转，一共有 12 种不同的形状．根据形状的特点，常用英文字母对五联骨牌进行命名，如图 1．

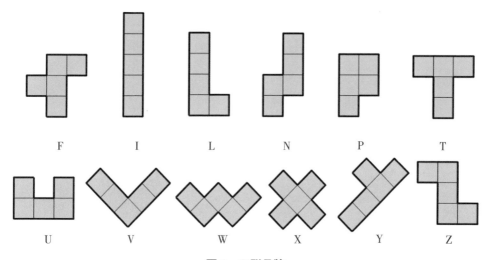

图 1　五联骨牌

　　20 世纪，美国数学家索罗门·戈洛姆将五联骨牌进行推广，得到了**多联骨牌**．n 联骨牌的种类数随着 n 的变大迅速增长：1，1，2，5，12，35，108，369，1285，⋯，这一数列被收录进了整数数列线上大全（OEIS）．

　　戈洛姆还将多联骨牌中的正方形改成正三角形，并将其命名为 polyiamond（**多联钻石**），而戴维·克拉纳则将以正六边形为单元的类似结构命名为 polyhex（**多联蜂窝**[①]），如图 2．

---

① 多联钻石与多联蜂窝的翻译来自莫海亮的著作《游戏中的数学》.

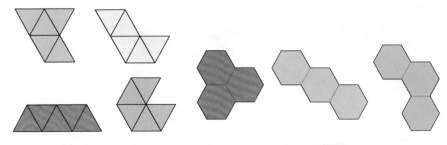

（a）多联钻石　　　　　　　　（b）多联蜂窝

图2

有很多经典玩具和五联骨牌密切相关，例如角斗士棋、智慧金字塔、Katamino 等. 值得一提的是，19 世纪 50 年代初，上海有一位中学语文教师方不圆，他让每块五联骨牌的高度等于每个小正方形的边长（图3），从而增加了立体玩法. 方不圆将其命名为"伤脑筋十二块". 在这些玩法中，最经典的是拼一个 5×4×3 的长方体（图4），理论上一共有 3940 种拼法.

图3

图4

1956 年，著名漫画家丰子恺在上海的《解放日报》上发文推荐这一玩具，将其誉为"超乎玩具之上，与象棋、国棋相颉颃[①]". 1958 年，上海的一家玩具厂把伤脑筋十二块制成产品投放到市场，受到了人们的青睐，后来甚至成为了一些老人的终身爱好.

2000 年，方不圆受邀前往美国亚特兰大，参加了第四届纪念马丁·加德纳聚会，这是世界上规模最大的趣味数学聚会之一.

---

① 国棋，即围棋；颉颃（xié háng），即不相上下.

二、五联骨牌的常见玩法

五联骨牌的玩法多种多样，这里列举其中几种常见的玩法，供读者参考.

❶ 见影排形

所谓见影排形，就是给定一块阴影区域，要求用 12 块五联骨牌拼出来，其中最经典的是拼一个 10×6 的长方形（图 5）. 用拼图设计软件"burrtools（刺果）"可以计算出要拼成 10×6 的长方形一共有 2339 种不同的拼法（不包括镜像）. 值得一提的是，有一位伤脑筋十二块的资深玩家金忠彬，凭借纸和笔，找到了其中的 2338 种，并出版了图书《J's 伤脑筋十二块探秘》.

图 5

❷ 拼"多胞胎"

用一副五联骨牌可以拼成若干组完全一样的形状，例如图 6 是一组"三胞胎".

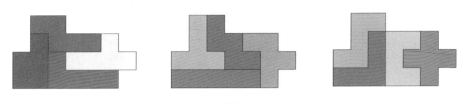

图 6

❸ 拼最大空洞

这种玩法即用五联骨牌围成一个区域（要求相邻的两块骨牌至少有一条单位长度的公共边），并使其面积尽可能地大. 理论上的面积最大值是 128，如图 7. 而如果允许相邻的两块之间仅由一个公共顶点相连，你能拼出的最大空洞的面积又是多少呢？自己试一试吧！

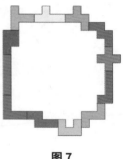

图 7

❹ 博弈玩法

在一个 8×8 的方格棋盘中，两人轮流放入 12 块五联骨牌，谁先放不下，谁就输了．这个游戏在刚开始的时候一般没有比较明确的策略，但是在放最后几块的时候需要动动脑筋．

三、五联骨牌的密铺性质

一个自然的问题是，五联骨牌中哪些形状或形状组合是可以密铺平面的呢？

这里介绍一种巧妙的构造方法．如图 8，除了 U 形以外，每种骨牌都可以单独拼成边缘为"1-2-1-2…"的向上下无限延伸的锯齿状长条（U 形只能拼成"1-3-1-3…"），接下来只需要将这些长条以合适的角度向左右两个方向不断平移，即可密铺平面．

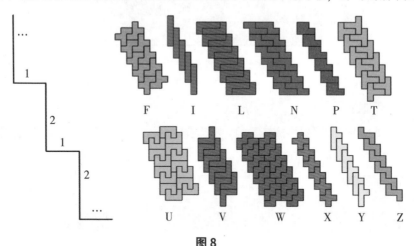

图 8

由此可得以下两个结论．

结论 1：五联骨牌中的任意一块都可以密铺平面．

结论 2：所有不含 U 形的五联骨牌的组合都可以密铺平面．

在含有 U 形的组合中，如果某种形状能和 U 形拼成"1-2-1-2…"的锯齿状长条，不就可以密铺平面了吗？经尝试，有8种形状是可以的（图9）.

于是我们得到了**结论3：含有U形，以及F、L、N、P、T、W、Y、Z中至少一种形状的组合可以密铺平面**.

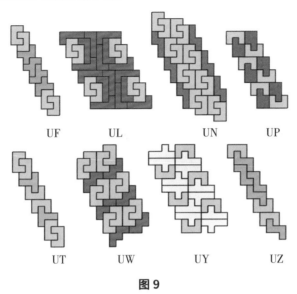

UF   UL   UN   UP

UT   UW   UY   UZ

图9

最后，只需要考虑U形和V、I、X的组合即可，共有7种，包括UV、UI、UX、UVI、UVX、UIX、UVIX. 令人兴奋的是，它们均能密铺平面（图10）.

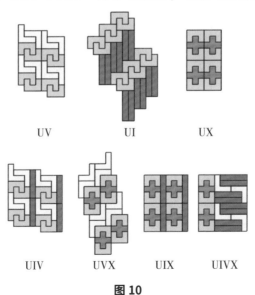

UV   UI   UX

UIV   UVX   UIX   UIVX

图10

至此，我们证明了一个美妙的定理：**五联骨牌的任意组合都能密铺平面**[①].

思考题

1. 如图 11，6 联钻石和 4 联蜂窝分别有多少种？（可以通过镜像或旋转得到的算一种）

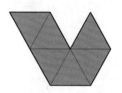 

图 11

2. 图 12 是两组"三胞胎"的轮廓图，你能用一副五联骨牌分别拼出来吗？

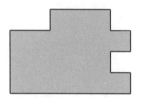 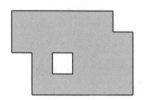

图 12

3. 一副五联骨牌，在 8×8 的方格棋盘（图 13）中最少可以放几块，使得剩下的五联骨牌中，1 块也放不进去？

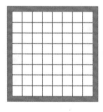

4. 在 8×8 的方格棋盘中能否放下 12 个 W、11 个 F、9 个 X？（如图 14，允许镜像和旋转）

图 13

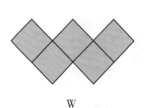

W

F

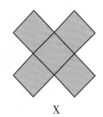

X

图 14

---
① 此定理由笔者及王东风共同证明.

莱洛三角形

如图1，分别以一个等边三角形的3个顶点为圆心，边长为半径，作各内角所对应的圆弧，这3条圆弧所形成的图形就叫作**莱洛三角形**，或**曲边三角形**。它是以德国工程师莱洛的名字命名的。

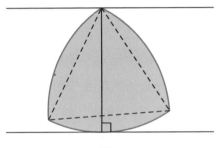

图1

根据莱洛三角形的定义，容易看出这种图形有一个特性，即在任意方向都有相同的宽度，这种图形叫作**定宽曲线**，或等宽曲线。而莱洛三角形则是宽度固定的定宽曲线中面积最小的图形。定宽曲线给人一种端庄、和谐的感觉，因此英国的20和50便士的硬币边缘采用的就是由7条圆弧组成的定宽曲线（图2）。

图2

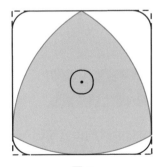

图3

莱洛三角形都有哪些应用呢？其最重要的应用可能体现在工业领域。比如，圆柱形的钻头可以钻出圆形的孔，而莱洛三角形形状的钻头，可以钻出接近正方形的孔（图3）；某些品牌的汽车的转子发动机的形状也是莱洛三角形（图4），这种发动机可以极大地缩短汽车的做功周期，从而让汽车的动力更足.

图4

除此之外，莱洛三角形还被广泛应用于艺术和设计领域，例如铅笔、盘子、包装盒、建筑物以及产品商标等. 再比如，有着中国第一高楼之称的上海中心大厦（图5），其俯视图就是一个近似的莱洛三角形.

当然，莱洛三角形也有一些"不太靠谱"的应用. 比如，莱洛三角形可以用来制作运输用的滚木（运输时同样地平稳），但由于制作技术要求高，边角不耐磨等原因不常用；莱洛三角形也能用来制作车轮，然而和圆形车轮相比，它的中心到地面的距离是不固定的（图5），因此骑车人的重心会有一定程度的上下晃动.

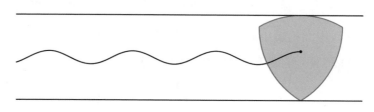

图5

思考题

你能从定宽曲线的角度解释一下，为什么井盖大多数都是圆形的吗？

密铺（一）

把一种或多种平面图形既无空隙，又不重叠地铺满整个平面，这种铺法就叫作**密铺**或**镶嵌**。密铺是大自然中的一种常见现象，也是一个古老又迷人的数学主题。早在公元前 4000 年，苏美尔人就用黏土砖堆出重复图案，装饰他们的家和寺庙。后来，历史上几乎所有文明都在艺术和建筑中采用了密铺，可以说密铺在数学和美学之间架起了一座桥梁。

 一、正则密铺与半正则密铺

❶ 正则密铺

在多边形中，最具对称性的图形就是正多边形，那么哪些正多边形可以密铺呢？

这里说的密铺指的是单个图形的密铺，也叫**单密铺**。在正多边形中，能密铺平面的只有正三角形、正方形和正六边形（图 1）。

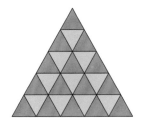  

图1

我们容易证明这一点。设正 n 边形能密铺平面，则其内角需满足 $k \times \dfrac{(n-2) \times 180°}{n} = 360°$，其中 k 为正整数。化简可得 $k = 2 + \dfrac{4}{n-2}$，由于 $\dfrac{4}{n-2}$ 为正整数，$n-2$ 只可能是 1，2 或 4，故 n 只可能是 3，4，6。

在正多边形的单密铺问题中，每条边都是相等的，每个顶点的地位也都是一样的，因为具有这种非常规则而有秩序的性质，它们也被称为**正则密铺**.

❷ 半正则密铺

相对于单密铺，两种及两种以上的正多边形一起密铺平面称为正多边形的**组合密铺**. 同样地，若每条边都是相等的，每个顶点的地位也都是一样的，其结果就被称为"**半正则密铺**". 如图2，半正则密铺一共有8种. 其中，每幅图下方的记号叫作"施莱夫利符号"，表示每个顶点周围的正多边形的边数.

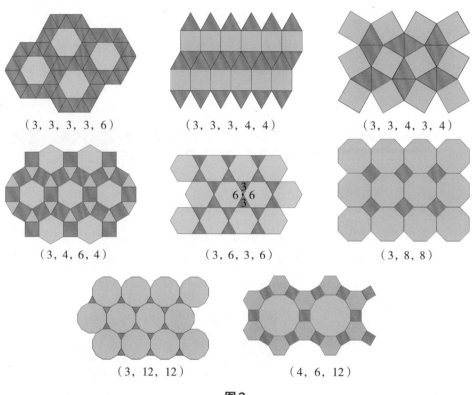

（3, 3, 3, 3, 6）　　　（3, 3, 3, 4, 4）　　　（3, 3, 4, 3, 4）

（3, 4, 6, 4）　　　（3, 6, 3, 6）　　　（3, 8, 8）

（3, 12, 12）　　　（4, 6, 12）

图2

二、多边形的密铺

❶ 三角形的密铺

如图3，任意形状的三角形，绕其中一条边的中点旋转180°，得到的新三角形可以和原三角形组成一个平行四边形. 由于平行四边形可以密铺平面, 因此任意三角形也是可以密铺平面的.

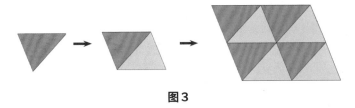

图 3

❷ **四边形的密铺**

这里我们分为凸四边形和凹四边形进行讨论. 凸多边形即内角均小于 180° 的多边形. 反之, 至少有一个内角超过 180° 的多边形为凹多边形.

如图 4, 任意形状的凸四边形, 绕其中一条边的中点旋转 180°, 形成的新四边形可以和原四边形组成一个平行六边形 (三组对边分别平行且相等的六边形), 而平行六边形是可以密铺平面的. 因此任意凸四边形都可以密铺平面.

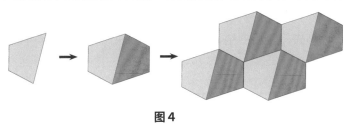

图 4

同样地, 任意凹四边形也可以, 如图 5. 因此, 任意四边形都能密铺平面.

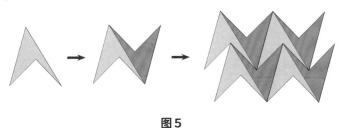

图 5

❸ **5 条边及以上的多边形的密铺**

这里仅介绍凸多边形的密铺问题, 凹多边形的密铺问题尚未被完全解决, 并且凹多边形的密铺以凸多边形为基础.

1918 年, 德国数学家莱因哈特发现了 3 类能密铺平面的凸六边形 (图 6, 详细尺寸见附录一）；1963 年，匈牙利裔英国数学家博洛巴什证明了有且仅有这 3 类凸六边形能密铺平面. 1978 年，美国数学家伊万·尼文证明了不存在边数大于 6 的能密铺平面的凸多边形. 此时只剩下凸五边形的密铺问题尚未解决了.

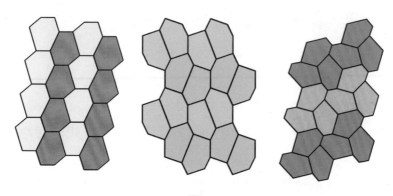

图 6

然而凸五边形的密铺问题则困难得多，从 1918 年到 2017 年，历时近 100 年，经过很多人的努力（其中有数学家、计算机科学家，甚至还有家庭主妇），这个问题才被彻底解决. 最后的结论是，有且仅有 15 类凸五边形可以密铺平面，如图 7（详细尺寸见附录一）.

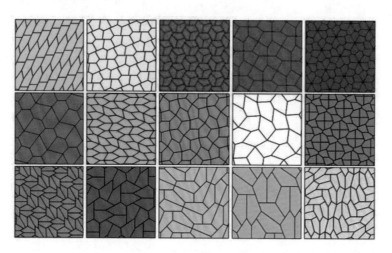

图 7

需要注意的是，除了最后两类以外，其余每一类凸五边形均有无穷多种不同的形状. 这里介绍其中比较简单的 3 类凸五边形.

先来看第 1 类凸五边形. 如图 8，有两条边平行（$AE//CD$）的任意凸五边

形 $ABCDE$，绕 DE 的中点 O 旋转 $180°$，得到的新五边形可以和原五边形组成一个平行六边形，从而可以密铺平面.

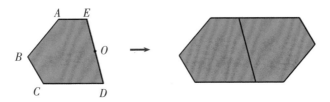

图 8

再看第 3 类凸五边形. 如图 9，过正六边形的中心 O 作一条射线，与正六边形相交于点 A（点 A 不是顶点）. 将 OA 沿顺时针方向旋转两次 $120°$，得到 OE 和 OD. 这三条线段把正六边形分成了 3 个相同的凸五边形. 于是，这类凸五边形也是可以密铺平面的.

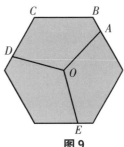

图 9

最后来看第 4 类凸五边形. 如图 10，对于内角均小于 $135°$ 的任意三角形 ABC，假设 $\angle A$ 为锐角，以 AB 和 AC 为斜边，分别作等腰直角三角形 ABD 和 ACE，得到凸五边形 $ADBCE$. 可以验证，4 个这样的凸五边形恰好能拼成一个平行六边形，从而可以密铺平面.

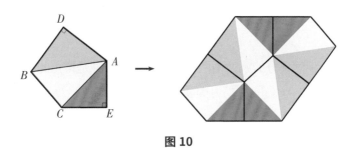

图 10

思考题

图 9 中的凸五边形 $OABCD$，各条边和各个角之间需要满足哪些关系？

密铺（二）

上一节我们介绍了多边形的密铺，本节则介绍密铺的一些拓展变化.

一、埃舍尔密铺

我们先来看由荷兰著名版画家埃舍尔于 1946 年绘制的《骑士》（图 1）.

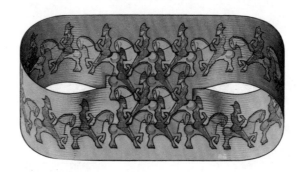

图 1

可以看到，中间部分的画面由两种图案组成，一种是橙色的骑士与马，方向朝右；另一种是灰色的骑士与马，方向朝左. 它们的轮廓是一模一样的. 换句话说，用骑士和马这种组合图案可以完成对平面的密铺.

我们知道某些多边形是可以密铺平面的，而这种不规则的图形也能密铺平面，又是什么原理呢？

我们将其中一组骑士与马的轮廓勾勒出来. 如图 2，以图中四个蓝点为界限，整个轮廓被划分为 4 条曲线. 其中，左边的两条曲线可以通过**镜像再平移**得到（对称轴的方向和平移的方向平行），这种操作被称为**滑移反射**. 右边的两条曲线也

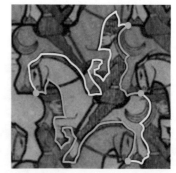

图 2

一样.

我们将这 4 个蓝点连在一起，形成了一个筝形．因此，这幅镶嵌画的数学本质其实是**筝形的密铺**（图 3），曲线之间的对应关系可以用凹凸块来表示.

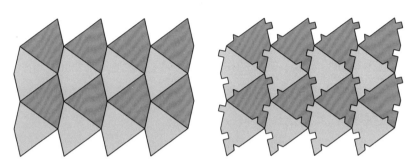

图 3　筝形的密铺及其变化图

基于这种将多边形的密铺变形为人或动物图案的密铺的方法，埃舍尔创作了大量的画作，因此这种风格的密铺常被称为**埃舍尔密铺**．事实上，基于不同的多边形的密铺，可以创作出更多不一样的镶嵌画（可进一步阅览参考文献 27）.

 ## 二、非周期密铺

前面我们介绍的都是**周期性密铺**．所谓周期性密铺，是指整个密铺图案向某个方向平移一段距离之后可以和原图案重叠的密铺方式.

反之，如果向任何方向平移均不能与原图案重叠，则被称为**非周期性密铺**，简称非周期密铺．如图 4，对由三个小正方形组成的 L 形图案进行拆分，一分为四，然后再对每一个小的 L 形进一步拆分，这样形成的图案将是非周期密铺.

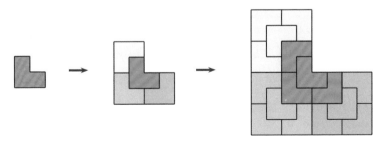

图 4

于是我们发现，这样的 L 形既能周期性密铺，又能非周期密铺. 我们自然会问，是否存在一种图形或图形组合，它只能非周期密铺呢？这样的图形或图形组合被称为**无周期性砖块组**.

这类问题可以追溯到 1961 年，当时美籍华裔数学家王浩提出了是否存在只能非周期密铺的"正方形密铺块"的问题。如图 5，每一个正方形密铺块的边缘可以是任意形状的，表示了相应的拼接规则。为了直观，常常用涂色的方式来表示这种拼接规则（相同颜色的边才能拼在一起）。另外，王浩规定密铺块是不允许旋转或翻转的。

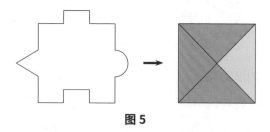

图 5

王浩猜想，在这种条件下，不存在无周期性砖块组。然而 5 年后，王浩的学生罗伯特·伯杰找到了一种由 20426 个正方形密铺块组成的无周期性砖块组，推翻了这一猜想。没过多久，伯杰就减少到了 104 个。1996 年，这一数值被捷克的库利克减少到了 13 个（图 6）[①]。

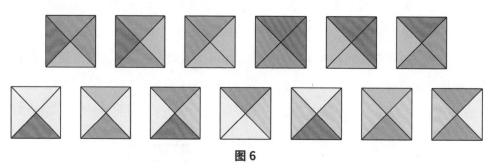

图 6

自王浩提出这一问题之后，人们发现的无周期性砖块组的种类越来越多，而每个砖块组中的图形数量也逐渐减少（其中具有代表性的发现参见附录二）。和王氏砖块组不同的是，后来的无周期性砖块组，每个密铺块一般是允许旋转或翻转的。

[①] 目前最优的结果是 11 个密铺块，由法国的让代尔和拉奥于 2015 年发现。

其中，物理学家罗杰·彭罗斯发现了 2 种分别含有 2 个图形的组合，其中一种如图 7(a) 所示，它们被形象地称为"筝形"和"镖形"①. 为了避免拼成菱形（菱形可以周期性密铺），这 2 个图形的边缘设置了一定形状的凹凸块. 有时候也用加弧线的方式来表示这种拼接规则 [图 7 (b)]，拼接时弧线的端点必须相连. 这些弧线将各条边划分为了有着黄金比例关系的线段.

彭罗斯将它们制作成了拼图玩具，结果大受欢迎. 1982 年，以色列材料科学家丹·谢赫特曼受此拼图的启发，发现了准晶体，并因此获得了 2011 年诺贝尔化学奖.

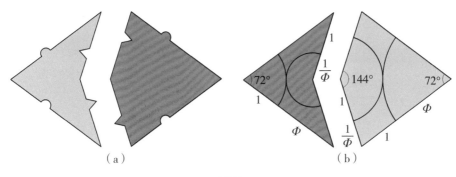

（a）　　　　　　　（b）

图 7

2023 年，密铺爱好者大卫·史密斯发现了一种形似帽子的图形（图 8），它是一个凹十三边形，并且与正六边形关系密切. 大卫与克雷格·卡普兰等 3 位数学家研究之后发现，这种图形只能非周期性地密铺平面. 他们将其命名为"爱因斯坦的帽子".

除了本节介绍的埃舍尔密铺和非周期密铺以外，还有很多正在被数学家们研究的密铺问题，如多重密铺，球面密铺等，也期待感兴趣的同学未来有所新的发现.

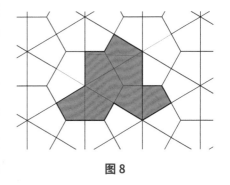

图 8

---

① 另一种组合则是由 36° 菱形和 72° 菱形组成的。

图 9 展示的是埃舍尔的《昼与夜》的局部，试从密铺角度对它进行分析.

图 9

平面图形的对称性

我们都学过轴对称的相关知识，可能很多同学也听说过中心对称（绕一个点旋转 180° 之后与原图重合）. 事实上，平面图形的对称性不止这些，它指的是平面图形在若干操作［包括平移、反射（镜像）、旋转、滑移反射等］之后保持不变的性质 (图 1).

（a）平移对称　　　　　　　　（b）镜像对称

（c）旋转对称　　　　　　　　（d）滑移反射对称

图1

由于操作前后任意两个点之间的距离是保持不变的，这 4 种操作也被称为**等距变换**，那么同一个平面图形是否可能同时具有多种对称性呢？

我们按是否具有平移对称性进行分类讨论. 在所有具有对称性的平面图形中，不具有平移对称性的图形只有 3 种情况：镜像对称［图 1 (b)］、旋转对称［图 1 (c)］、镜像对称 + 旋转对称（图 2）.

图2

因此，接下来只需讨论具有平移对称性的图形，这里分两种情况进行讨论.

一、仅在一个方向上具有平移对称性

这种对称结构在生活中很常见，那就是有花纹的带子（饰带）. 当然，数学中的饰带是无限长的，即仅上下有边界，左右没有边界. 将一条饰带左右平移，如果能和原图形重叠，它就具有平移对称性.

在此基础上，将剩下3种基本对称性的情况进行组合，就能得到一条饰带的全部7种对称结构. 图3是这7种对称结构的示意图（此处用三角形来代表一般图形），其中每幅图以相同的规律向左右两边延伸.

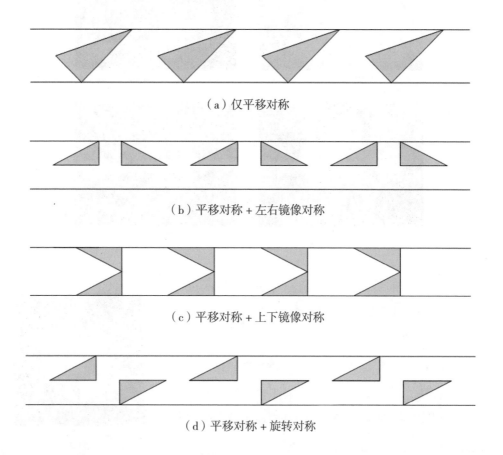

（a）仅平移对称

（b）平移对称 + 左右镜像对称

（c）平移对称 + 上下镜像对称

（d）平移对称 + 旋转对称

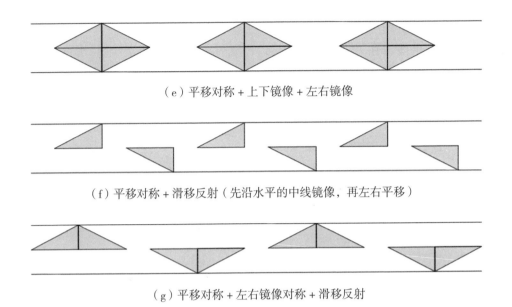

（e）平移对称 + 上下镜像 + 左右镜像

（f）平移对称 + 滑移反射（先沿水平的中线镜像，再左右平移）

（g）平移对称 + 左右镜像对称 + 滑移反射

图 3

　　世界上所有饰带的对称结构都属于上述 7 种对称结构中的某一种，数学家给这 7 种对称结构起了一个通俗的名字，叫作**饰带群**.

二、至少在两个方向上具有平移对称性

　　相信你一定在布料或墙纸上看到过某种图案，它们至少在两个方向上不断地重复（具有平移对称性）. 除此之外，二维的平面图形还可能有哪些对称性呢？1891 年，俄罗斯的结晶学家费奥多罗夫证明了平面上的对称结构一共有 17 种，后来它们被数学家称为**墙纸群**. 1924 年，数学家波利亚也得到了这个结论. 图 4 列出了这 17 种不同的对称结构（其中每个图案以相同的规律填充整个平面）. 每幅图下方展示了该图案在哪些变换下保持不变.

　　（1）所有图案向至少两个（不共线的）方向平移之后可以和原图案重合.

　　（2）有的图案在旋转一定的角度（小于 360°）之后可以和原图案重合，图中的点为旋转中心，给出的角度为最小旋转角度；

　　（3）有的图案在镜像之后可以和原图案重合，我们用 "n- 镜像" 代表有 n

个方向的对称轴（用实线表示）；

（4）有的图案在滑移反射之后可以和原图案重合，我们用 "n- 滑移" 代表有 n 个方向的滑移反射轴（用虚线表示）.

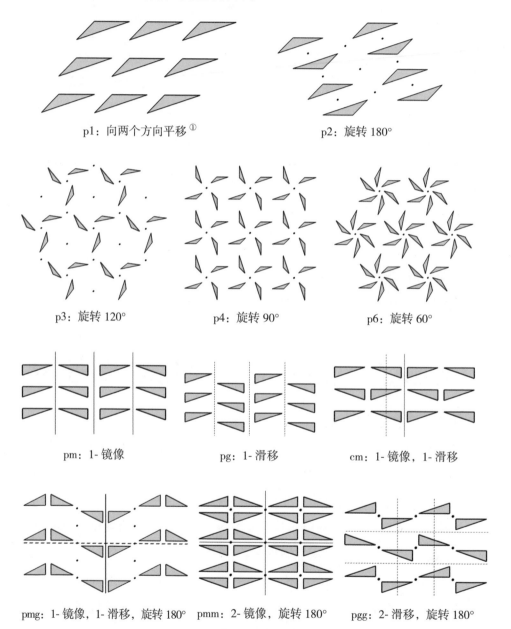

p1：向两个方向平移[1]

p2：旋转 180°

p3：旋转 120°

p4：旋转 90°

p6：旋转 60°

pm：1- 镜像

pg：1- 滑移

cm：1- 镜像，1- 滑移

pmg：1- 镜像，1- 滑移，旋转 180°

pmm：2- 镜像，旋转 180°

pgg：2- 滑移，旋转 180°

---

[1] 类似 "p1" 这样的符号是结晶学家起的名字；这 17 种对称结构都具有向两个方向平移之后重合的性质，后续不再单独列出.

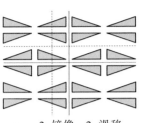

cmm: 2- 镜像, 2- 滑移,
旋转 180°

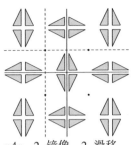

p4g: 2- 镜像, 2- 滑移,
旋转 90°

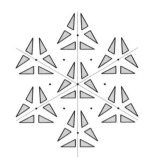

p31m: 3- 镜像, 旋转 120°

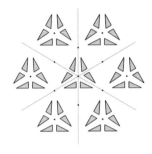

p3m1: 3- 镜像, 旋转 120°

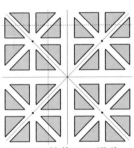

p4m: 4- 镜像, 2- 滑移,
旋转 90°

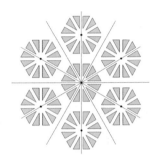

p6m: 6- 镜像, 旋转 60°

图 4

思考题

图 5 的这两种图案, 分别属于 17 种对称结构中的哪一种呢?

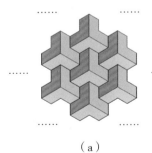

（a）

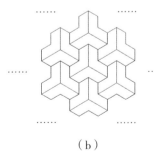

（b）

图 5

分形

下面的 3 棵"树"长得很像，你知道它们都是什么"树"吗？

　　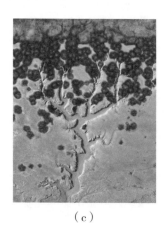

（a）　　　　　　　（b）　　　　　　　（c）

图1

其实只有图（a）是一棵真正的树，图（b）是山脉的卫星地图，图（c）是钱塘江退潮之后留下的图案. 不过从数学角度看，它们有一个共同的特征——**分形**.

分形指的是一种部分与整体相似的结构. 1975 年，美国数学家曼德勃罗在《大自然的分形几何学》一书中首次给出这一概念. 分形现象普遍存在于大自然中，例如山脉、河流、云层、动植物……事实上，大自然中会出现分形现象是有原因的，比如最古老的陆生植物——蕨类植物，就是典型的分形结构（图2），有观点认为这种结构能帮助它们有效地获取阳光和空气.

数学家发现了很多具有类似的分形特征的曲线，其中一个经典的例子是由瑞典数学家柯克于1904 年构造出来的柯克雪花（图3）.

图2

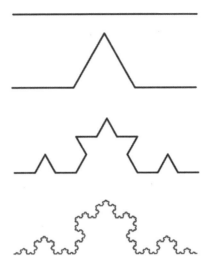

图 3

我们知道，线段是一维的，平面是二维的，空间是三维的．而柯克雪花既不是二维的（它不能遍历平面内的每一个点），又似乎不止是一维的（它具有无限长的周长），那么应该如何定义它的维数呢？这就需要一个新的定义，既能描述这些奇怪的分形曲线，同时又和传统的维数概念不矛盾．

1919 年，德国数学家豪斯多夫给出了一个里程碑式的定义．如图 4，如果把一条线段分成更小的线段，其长度为原来的一半，将得到 2 条线段；如果把

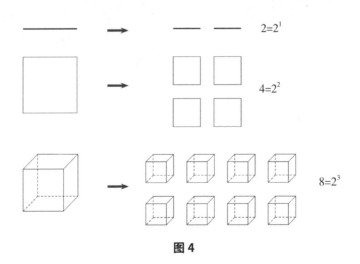

$2=2^1$

$4=2^2$

$8=2^3$

图 4

一个正方形分成若干个更小的正方形，其边长为原来的一半，将得到 4 个小正方形；如果把一个正方体分成若干个更小的正方体，其棱长为原来的一半，将得到 8 个小正方体.

上图中，基本元素（线段）被二等分，而整个图形变成了 2^n ($n=1,2,3$) 个更小的自相似图形. 2^n 是 2 的 n 次方，这里的 n 就是豪斯多夫给出的维数定义.

在柯克雪花曲线中，每次分裂，基本元素（线段）被三等分，同时整个图形变成了 4 个更小的自相似图形，因此我们只需要算得 4 是 3 的多少次方，就能知道柯克雪花曲线的维数了. 到了高中，我们将知道这个数就是以 3 为底的 4 的对数，为 $\log_3 4 \approx 1.26$.

除此之外，数学家们还发现了形形色色的分形曲线，例如勾股树、皮亚诺曲线、希尔伯特曲线、谢尔宾斯基三角、谢尔宾斯基地毯、门格尔海绵、康托尔的梳子等. 分形曲线的任意局部都能无限细分下去，可以说具有很高的复杂度，然而其生成公式却非常简单. 图 5 被称作**曼德勃罗集合**，图 6 是图 5 的局部放大. 它其实是由一个简单的迭代公式 $z_{n+1}=z_n^2+C$ 生成的. 你可以在网络上搜索到相关的动画，相信一定会让你大开眼界.

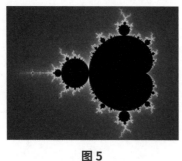
图 5

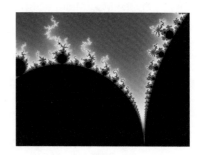
图 6

如今，分形几何作为一门重要的数学分支，被广泛应用到动画制作等各个领域.

思考题

一条长度为 1 的线段，按照柯克雪花的方式，迭代 5 次之后的长度是多少？

正多面体

正多面体也叫**柏拉图多面体**，因古希腊哲学家柏拉图及其追随者的研究而得名．如图 1，正多面体的各个面都是全等的正多边形，并且各个顶点的地位都是相同的，它们具有高度的对称性及次序感．

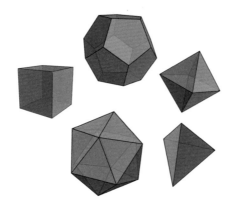

图1

早在两千多年前，古希腊的数学著作《几何原本》中就证明了正多面体仅有五种，即正四面体、正六面体、正八面体、正十二面体和正二十面体．它们的顶点数 V、面数 F、棱数 E 如表 1 所示．

表1　五种正多面体的顶点数、面数和棱数

	正四面体	正六面体	正八面体	正十二面体	正二十面体
顶点数 V	4	8	6	20	12
面数 F	4	6	8	12	20
棱数 E	6	12	12	30	30

可以看到，正六面体和正八面体的顶点数 V 和面数 F 恰好是相反的，正十二面体和正二十面体也是一样．其实这源于正多面体之间的对偶关系．如图 2，

依次连接正六面体相邻的面的中心，便能得到正八面体；反之，如果依次连接正八面体相邻的面的中心，便能得到正六面体．同样地，正十二面体和正二十面体也是对偶的，而正四面体则和自身是对偶的．

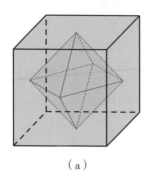　　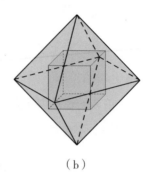

（a）　　　　　　　　　　　（b）

图 2

　　正多面体常被用来进行艺术设计，另外它们在自然界中也广泛存在，例如甲烷（天然气的主要成分）的分子是正四面体，氯化钠（食盐的主要成分）的晶体组成结构是正六面体，萤石的结晶体多为正六面体和正八面体，黄铁矿的结晶体可以是正六面体、正八面体和正十二面体，球状病毒则多为正二十面体，如图 3 所示．

（a）甲烷分子　　　　　　（b）黄铁矿　　　　　　　（c）萤石

（d）黄铁矿　　　　　　　（e）球状病毒

图 3

在研究正多面体时，常常遇到正多面体的展开图问题。正四面体只有 2 种展开图，正方体和正八面体各有 11 种展开图（见附录三），正十二面体和正二十面体则各有 43380 种展开图。图 4 给出了 5 种正多面体的其中一组展开图。

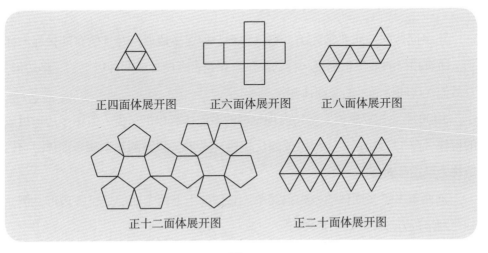

正四面体展开图　　　正六面体展开图　　　正八面体展开图

正十二面体展开图　　　　　正二十面体展开图

图 4

思考题

正多面体的顶点数 V、面数 F、棱数 E 之间存在某种数量关系，你能发现吗？

正多面体的性质非常完美，它仅含有一种正多边形，并且所有的棱都一样长，所有顶点的地位也都是一样的．是否存在含有两种或两种以上的正多边形，且其他性质同样满足的多面体呢？

1900 年，托罗尔德戈塞特发现这样的多面体有以下三类：由正多边形组成的棱柱（图 1）、由正多边形组成的反棱柱（图 2），以及阿基米德多面体．它们统称为**半正多面体**．

前两类半正多面体的结构很简单，它们的上下两个面都是正多边形，侧面则分别是正方形和等边三角形．

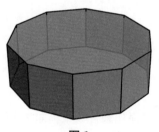

图 1   图 2

第三类半正多面体叫作**阿基米德多面体**，简称**阿基米德体**，共有 13 种，因阿基米德的研究而得名．在本书的附录四中，给出了阿基米德体的一组展开图．

阿基米德体的对称性仅次于正多面体．要得到阿基米德体，我们只需在正多面体的基础上进行一些改造．我们需要进行的操作共有三种：截角、截半和扭棱．

❶ 截角

截角，顾名思义，就是将正多面体的角"切掉"．以图 3 为例，从正方体的

8个角上各"切去"一个正三棱锥，同时在每条棱的中间预留一定的长度，使其正好等于截出的正三角形的边长. 注意预留的长度并不等于棱长的 $\frac{1}{3}$.

图 3

图 4

❷ 截半

　　截半，其实也是一种截角，只不过"切"得比较彻底，即"切"到每条棱的中点处（图 4）. 而通过这种方法得到的阿基米德体也很自然地被称为截半立方体. 从另一个角度来看，它也可以看成是将正八面体进行截半得到的，而此时的截面就变成正方形了.

　　如图 5，在正多面体的基础上，利用截角可以得到 5 种阿基米德体，利用截半能得到 2 种阿基米德体. 对这 2 种阿基米德体进一步截角或截半，然后适当地进行调整（将长方形调整为正方形），就可以得到另外 4 种阿基米德体.

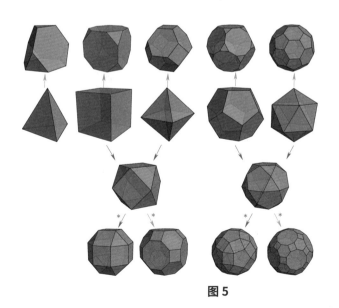

↑ 截角

↑ 截半

＊ 适当调整

图 5

图 5 中，右上角的多面体叫作**截角二十面体**，它和足球的形状很像，如图 6. 事实上，足球采用这一形状，就是因为它既接近球体，同时面数也不多，比较容易缝制. 图 5 左下角的多面体被称为**小斜方截半十二（二十）面体**，南北朝的独孤信将军的印章就以此为设计灵感，如图 7. 这个印章有 26 个面，在便于制作的同时又能满足实际的使用需求.

图 6

图 7

❸ 扭棱

要构造剩下 2 种阿基米德体，则需要借助第三种操作——"扭棱"了. 如图 8，先分别把一个正六面体和正十二面体的各个面向外拉出适当的距离，再让它们同时朝着某个方向旋转相同的角度，使得正好可以用等边三角形填补中间的空隙. 它们的名字分别叫作**扭棱立方体**和**扭棱十二面体**. 由于旋转方向的不同，这 2 种阿基米德体均有镜像的样式.

（a）

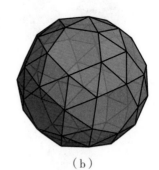

（b）

图 8

阿基米德体离我们的生活很近. 事实上，很多分子结构或结晶体中就有阿基米德体的身影，如图 9.

（a）三氧化二锰的结晶　　　　（b）硫钴矿的结晶

图 9

另外，阿基米德体还可以和正多面体一起密铺空间，如图 10.

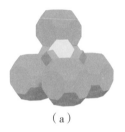
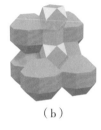
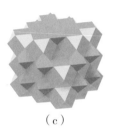

（a）　　　　　　　　（b）　　　　　　　　（c）

图 10

顺便提一下，阿基米德体也有自己的对偶多面体——**卡特兰体**（详见附录四）. 卡特兰体在矿物结晶中也经常出现. 如图 11 所示是石榴石的两种结晶体，分别呈现菱形十二面体和筝形二十四面体.

（a）　　　　　　　　　　　　（b）

图 11

思考题

你能计算出截角正方体的棱长与截角之前的原正方体的棱长之比吗？

约翰逊多面体

约翰逊多面体是指除了正多面体和半正多面体以外，所有由正多边形面组成的凸多面体. 1966 年，美国数学家诺曼·约翰逊发现了 92 种这样的多面体. 1969 年，维克托·查加勒证明了约翰逊多面体只有这 92 种. 在介绍这 92 种约翰逊多面体之前，我们先介绍三类基本几何体——正棱锥、正台塔和正丸塔.

❶ 正棱锥

棱锥是我们比较熟悉的图形，正棱锥则是指底面为正多边形，且从顶点到底面的垂足恰好是这个正多边形的中心的棱锥. 在正棱锥中，侧面为正三角形的棱锥共有 3 种，如图 1，它们的底面分别是正三角形、正方形和正五边形.

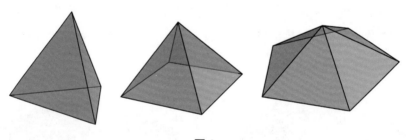

图 1

❷ 正台塔

正台塔的结构如图 2 所示，一共只有 3 种：正三角台塔、正四角台塔、正五角台塔. 它们的底面分别是正六边形、正八边形和正十边形.

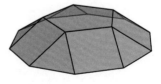

图 2

❸ 正丸塔

正丸塔的译名来自日语，"丸"在日语中是圆形的意思. 正丸塔只有一种，即正五角丸塔，如图3. 它的顶面为正五边形，底面为正十边形，侧面则由正三角形和正五边形交替构成.

图 3

在这三类基本几何体的基础上，我们可以将基本几何体进行相互拼接，如图 4（a）；也可以将基本几何体与棱柱或反棱柱进行拼接，如图 4（b）；还可以在正多面体或阿基米德体上拼接、截掉、旋转基本几何体，如图 4（c）. 这样便能得到 76 种约翰逊多面体.

（a）双三角台塔　　　（b）正五角丸塔柱　　　（c）侧锥正 12 面体

图 4

另外再加上三类基本几何体中已有的 6 种约翰逊多面体以及 10 种比较特殊的多面体（例如图 5 中的"球形屋根"），便能得到全部 92 种约翰逊多面体（详细分类参见附录五）.

图 5

思考题

像图 4（a）这样由两个台塔倒扣在一起组成的结构称为双台塔，在约翰逊多面体中，双台塔一共有多少种？

白银家族

我们之前介绍了阿基米德体的组合密铺. 实际上, 单个多面体也可以密铺空间——正方体就是一个例子. 除此之外, 还有哪些多面体可以密铺空间呢? 这个问题被希尔伯特列为新世纪面临的 23 个数学问题中的第 18 个, 这里仅介绍几种比较典型的多面体.

 一、萨默维尔四面体

如图 1 (a), 取一张 A4 纸 (长宽比为 $\sqrt{2}:1$), A、B、C、D 分别是四条边的中点, 将这张纸沿虚线翻折, 让四个顶点 P_1、P_2、P_3、P_4 聚拢成一点 P, 就能得到一种可以密铺空间的四面体.

1923 年, 英国数学家萨默维尔首先发现了这种四面体, 并经过简单的变化得到了另外 3 种可以密铺空间的四面体. 我们不妨称图 1 (b) 中的四面体为**萨默维尔四面体**, 那么, 为什么萨默维尔四面体可以密铺空间呢?

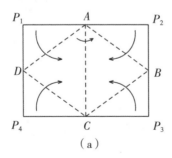 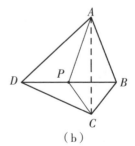

（a）　　　　　　　（b）

图 1

如图 2 (a), 连接正方体的中心与 8 个顶点, 可以将正方体划分为 6 个全等的正四棱锥. 将这些正四棱锥两两组合, 就得到了一种八面体. 不难看出,这种八面体是能密铺空间的.

将这种八面体沿竖直方向垂直地切两刀，使其一分为四，就得到了萨默维尔四面体 [图 2 (b)]，因此萨默维尔四面体是可以密铺空间的.

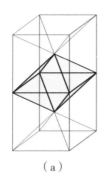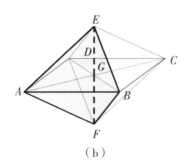

（a） （b）

图 2

 二、菱形十二面体

刚才我们是从大往小进行剖分，现在反过来，从小往大进行堆砌. 如图 3，将 6 个萨默维尔四面体拼在一起，正好能拼一圈，形成一个**菱形六面体**. 它本身是一个斜四棱柱，因此显然是可以密铺空间的. 将 4 个这样的菱形六面体拼在一起会得到**菱形十二面体**. 而菱形十二面体也是可以密铺空间的（图 4）.

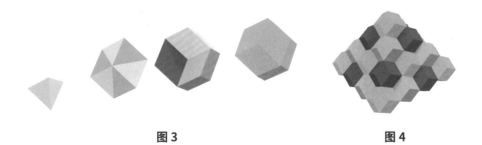

图 3 **图 4**

顺便提一下，菱形十二面体中的"三菱形"结构，还被蜜蜂用来建造蜂巢，这种结构可以让两层蜂巢完美地贴合在一起（图 5）.

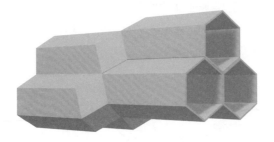

图 5

 三、埃舍尔多面体

在菱形十二面体的 12 个菱形面上，分别拼接 2 个萨默维尔四面体，将得到
埃舍尔多面体［图 6（a）］，这一名称来自埃舍尔的画作《瀑布》，如图 6（b）.
你可能见过这种多面体，它被应用于魔方和鲁班锁的造型设计中.

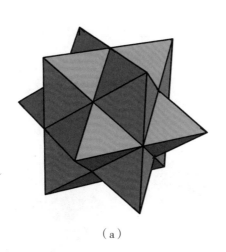

（a）

（b）

图 6

无独有偶，埃舍尔多面体也是可以密铺空间的，如图 7.

图 7

　　上述几个能密铺空间的多面体都是由萨默维尔四面体演变而来的，它们基本都能直接用 A4 纸折制而成，由于 A4 纸和白银比例关系密切，因此不妨将这些多面体统称为**白银家族**.

思考题

　　你能将正方体分割成 4 个全等的凸多面体吗？（要求每个凸多面体都不能是棱柱）

星体

在丰富多彩的多面体世界中，有一类多面体如星星一样，它们被形象地称为星体．星体的种类非常多，这里我们仅介绍其中非常特殊的两类——正星体和复合多面体[①]．

一、正星体

如图 1，将正十二面体的每条棱向两个方向延长，直到它们再次相遇，就会得到小星状正十二面体．这个过程称为**星化**．类似地，如果将正二十面体进行星化，就会得到大星状正十二面体．这两种多面体由开普勒于 1619 年在《世界的和谐》一书中提出，因此也叫作**开普勒多面体**（图 2）．

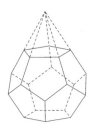

图 1

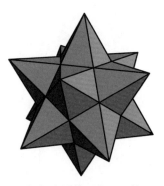

（a）小星状正十二面体

（b）大星状正十二面体

图 2

---

① 这里将复合多面体也看成星体的一类．

大约 200 年后，法国数学家庞索发现了另外一对多面体：大正十二面星体和大正二十面星体 (如图 3). 它们是通过在更大范围内延展正十二面体和正二十面体的面形成的. 以上四种多面体统称为正星体，也称**开普勒 - 庞索多面体**.

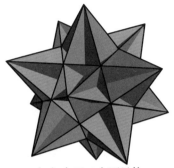

（a）大正十二面星体　　　　　（b）大正二十面星体

图 3

 ## 二、复合多面体

复合多面体是由多个多面体以一定的角度相互重叠所形成的多面体，如图 4 所示是一些由正多面体组成的复合多面体.

（a）5 个正四面体的复合　　　　　（b）3 个正方体的复合

（c）5 个正八面体的复合　　　　（d）正十二面体和正二十面体的复合

图 4

1. 你能看出图 5 是由哪两种多面体组成的复合多面体吗?

图 5

2. "复合"是多面体的合并, 如果改成只取多面体的公共部分, 第 1 题中的结果又会变成什么样呢?

莫比乌斯带

把一根纸条扭转 180° 后，将两端粘接起来，就得到了**莫比乌斯带**. 莫比乌斯带于 1858 年由德国数学家莫比乌斯和高斯的学生约翰·李斯丁独立发现.

莫比乌斯带有很多好玩的地方. 比如，不同于普通的环形纸带，莫比乌斯带只有一条边，用一根手指可以连续地经过它的边缘；同时，它也只有一个面，一只蚂蚁可以爬遍整个曲面而不必跨过它的边缘，如图 1.

借助一把剪刀，我们还能发现莫比乌斯带的更多神奇性质. 如图 2，我们沿着其宽度的 $\frac{1}{2}$ 处（图中的绿线）用剪刀连续地剪一圈，结果会变成一条更长的纸带. 经过剪开复原，我们发现它扭转了 4 个半圈，于是可以记为 P_4（类似地，**扭转 n 个半圈的纸带记为 P_n**，后同）；而如果改成沿着 $\frac{1}{3}$ 处剪开，结果会多一条套在一起的莫比乌斯带.

图 1

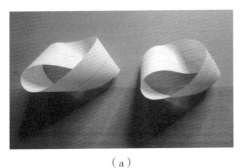

（a）

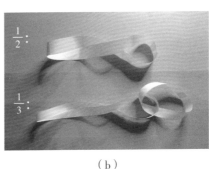

$\frac{1}{2}$:

$\frac{1}{3}$:

（b）

图 2

你还可以尝试从 $\frac{1}{4}$，$\frac{1}{5}$，…处剪开，从而发现将莫比乌斯带从 $\frac{1}{n}$ 处剪开的规律，如表 1 所示.

表 1　将莫比乌斯带从 $\frac{1}{n}$ 处剪开的结果

n	P_4 的数量 / 条	P_1 的数量 / 条
2	1	
3	1	1
4	2	
5	2	1
6	3	
7	3	1
…	…	…

可以看到，当 n 为偶数时，结果是 $\frac{n}{2}$ 条 P_4；当 n 为奇数时，结果得到 $\frac{n-1}{2}$ 条 P_4 和 1 条 P_1. 该如何解释这个现象呢？

如图 3，如果 n 是偶数，相同颜色的两个部分（实际上是同一个部分）最后将形成一条 P_4；如果 n 是奇数，中间的部分最后就会单独形成一条 P_1.

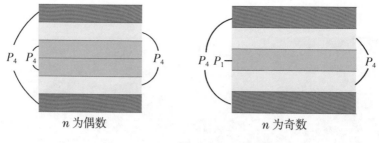

图 3

更神奇的还在后面. 如图 4，先从一张正方形纸中剪出一个"十"字，然后将上下、左右两端分别用胶水粘成一条环形纸带（P_0）或一条莫比乌斯带（P_1），再各自沿着中线剪开，对于各种不同的组合，结果又会得到什么呢？在继续阅读之前，你不妨动手尝试一下.

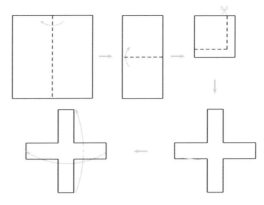

图 4

(1) 如果是粘成两个环形纸带 (P_0), 或者一个莫比乌斯带 (P_1) 和一个环形纸带 (P_0), 剪开之后都会得到一个正方形纸带 (P_0)（图 5）.

(2) 如果是粘成两个莫比乌斯带 (P_1), 由于莫比乌斯带根据扭转方向的不同有两种, 因此又分为两种情况. 如果是两个同方向的莫比乌斯带, 最后会得到两条分开的纸带, 其中一

图 5

条像一只小船 (P_0), 另一条则像一副眼镜 (P_4), 如图 6 (a); 如果是两个异方向的莫比乌斯带, 最后会得到两个套在一起的爱心 (P_2), 如图 6 (b).

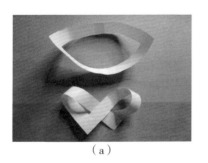

（a）

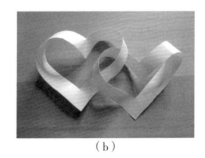

（b）

图 6

另外, 若将两个镜像的莫比乌斯带的边缘"缝合"在一起, 将得到一个"**克莱因瓶**"（图 7）. 不过, 由于此时瓶颈和瓶身是相交的, 这需要在更高维度的空间（如四维空间）中才能实现.

图 7

由于莫比乌斯带独特的美学性质，它常被用在建筑、艺术、工业设计等领域，另外在邮票、电影、音乐以及文学中也时有出现.

思考题

我们将扭转了 n（$n=0$, 1, 2, 3, $\cdots$）个半圈的纸带简称 P_n，这是因为这种纸带被称为 Paradromic 环. 照此规律，下面两幅图分别是 $P_{(\ )}$ 和 $P_{(\ )}$.

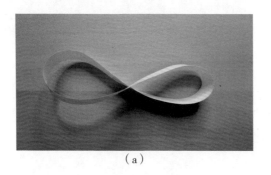

（a）

（b）

图 8

纽结与链环

你听说过哥尼斯堡七桥问题吗？它是一个与一笔画有关的问题．对这类问题的研究催生出了一个重要的数学分支，叫作拓扑学．在拓扑学中，只考虑物体间的位置关系而不考虑它们的形状和大小，因此也有人把拓扑学形象地称为"橡皮膜上的几何学"．在拓扑学中，有两类重要的研究对象——纽结和链环．

一、纽结

同学们，你观察过生活中的绳结吗？绳结在生活中非常常见，不同的绳结有着不同的作用．有的要求牢固且易解，例如水手结；有的要求能绑紧物体，例如称人结；有的则要求美观，例如蝴蝶结．

将一根绳子的两端连起来（中间可以以任意方式缠绕），这样的结构就被称为**纽结**．中国科技馆曾经就有一个标志性的建筑"三叶纽结"，如图1．

如果一个纽结通过连续变换能得到另一个纽结，则称这两个纽结是相同的（专业术语叫作"同痕"），而关于纽结的核心问题之一就是如何判断两个纽结是否相同．为此，数学家们引入了一个概念——纽结不变量．

图1

例如，将一个纽结通过整理、简化，变成一个"最简纽结"，此时的交叉点数就是这个纽结的一个不变量．一个圆圈的交叉点数就是0，而三叶纽结的交叉点数就是3（图2）．容易理解，对于两个最简纽结，如果它们具有不同的交叉点数，就是两个不同的纽结．

（a）0个交叉点　　（b）3个交叉点　　（c）4个交叉点　　（d）5个交叉点

图2

　　然而，具有相同的交叉点数并不意味着两个纽结是相同的. 例如图3中的两个三叶纽结，它们的交叉点数都是3，但却不能互相通过变换得到. 换句话说，它们是两个不同的纽结. 这就说明交叉点数这个不变量还不是一个能完美地区分纽结的不变量.

（a）左手三叶结　　　　　　　　　　（b）右手三叶结

图3

　　后来，经过高斯、李斯汀、亚历山大、康威、琼斯等众多数学家的接力，人们又找到了一些新的纽结不变量，例如亚历山大·康威多项式、琼斯多项式等，使这一问题取得了重要的进展.

　　你知道吗？纽结也能像数一样做"加法"，也就是将两个结各自剪开一个口，然后连在一起. 如果将左手三叶结和一个右手三叶结做"加法"，会得到**平结**（图4）. 这种结非常牢固，不易散开，常用在搬运或攀岩的时候. 而如果将两个左手（或右手）三叶结做"加法"，会得到**祖母结**（图5），这种结容易散开，并不常用. 这个小区别可能并不引人注意，但对攀登爱好者来说却非常重要，因为它关系到了生命的安全.

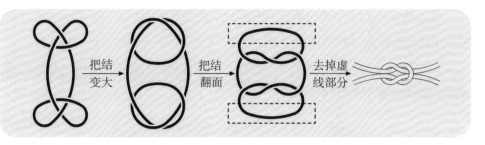

图 4

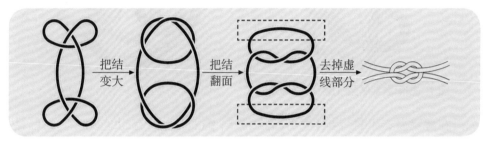

图 5

 ## 二、链环

　　单个绳圈称为纽结，而多个绳圈则被称为**链环**. 在有的链环中，任意两个绳圈都套在一起〔(图 6 (a)〕；而在有的链环中，任意两个绳圈都不套在一起，但整体却是一个不可拆分的结构，例如图 6 (b) 中的这种链环——**博罗梅安环**.

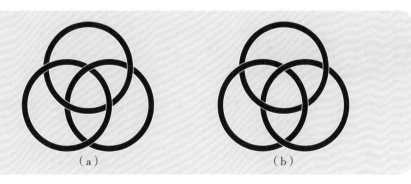

（a）　　　　　　　（b）

图 6

博罗梅安环的名字来自有七百多年历史的意大利家族"Borromeo"，因其徽章中含有此图案。如今这个图案已经被广泛地运用到设计之中，如图7.

如果将博罗梅安环进行适当的变形，也可以变成图8的形状。有趣的是，中间的黄色绳圈也可以移至两边。

图7　国际数学联盟（IMU）的 logo　　　图8　博罗梅安环的另一种形态

在博罗梅安环中，当任意剪断其中一个绳圈时，所有的绳圈都将分开。数学家赫尔曼·布鲁恩在1892年开始讨论这类链环的性质，因此这类链环也被称为"布鲁恩链环"。事实上，这类链环你可能见过，例如曾经风靡国外的玩具"彩虹编织机"制作出的就是类似的结构，如图9.

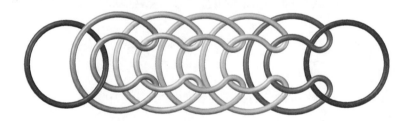

图9

思考题

请你判断，图1中的"三叶纽结"是左手三叶结还是右手三叶结呢？

第三篇

谜题世界

数学家们之所以研究数学，有时候并不是因为数学有用，而是因为好奇心是人类的天性．

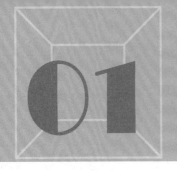

图形的变换

对平面上的一幅点线图，先取每条边的中点，然后连接所有相邻2条边的中点，将得到1条新的边，所有这些新的边组成了一个新的图形. 我们将这一变换记为"D变换".

如图1，是一个3×3的正方形网格以及经过2次"D变换"之后得到的新图形.

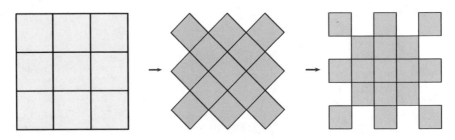

图1

继续进行"D变换"，最外围的8个正方形会脱离图形主体，而中间的3×3正方形网格又会重复刚才的变换.

我们再来看一个例子. 如果对图2连续进行"D变换"，你能发现它的变化规律吗？

我们不难得到经过1次、2次、3次"D变换"后的图形（图3）. 继续进行"D变换"，最外围的4个四边形将脱离主体，4个三角形也一样. 而剩下的部分和前述3×3的正方形网格的结构在本质上是一样的，因此之后的变化规律也就清楚了.

你也可以研究其他的图形在连续进行"D变换"时的变化规律.

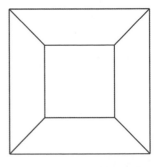

图2

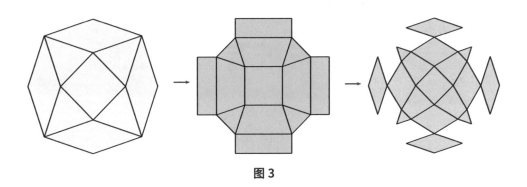

图 3

思考题

一个 3×3 的正方形网格，连续进行 5 次"D 变换"，在得到的图形中一共有多少个正方形？

与纸有关的谜题

与纸相关的数学谜题非常多，一起来感受一下吧！

一、折出不可能

仅靠一把剪刀，将1张A4纸折成图1中的样子，看起来似乎是不可能的，请你试一试，有可能实现吗？

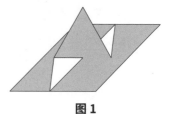

图1

二、"L-J"谜题

这个谜题是国际益智游戏谜题大会（IPP）的参赛作品. 如图2，要求分别用3个L形和J形的四联骨牌拼成同一个图形.

图2

三、正方形覆盖问题

这个谜题改编自 Maurizio Morandi 于 2009 年设计的一个谜题. 如图 3，要求在不撕破纸的前提下，用两张边长为 4 的正方形纸完全覆盖一张边长为 5 的等边三角形纸. 你能给出几种不同的方法呢？

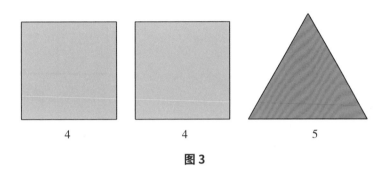

图 3

四、镶嵌折纸

如图 4 是一张绘有折痕图的正方形纸. 其中红色的是峰线，表示向外折；蓝色的是谷线，表示向内折. 在折纸领域，这样的图形被称为折痕图（CP 图）.

你能根据这幅折痕图，将一张正方形的纸折叠成一个更小的正方形吗？如果你尝试成功了，不妨再试试另外两幅以此为单元的更加复杂的折痕图（见附录六）.

在日本折纸大师川崎敏和的折纸作品"川崎玫瑰"中，就有类似的正方形螺旋单元，据说其设计灵感源自"世界三大漩涡"之一的鸣门涡潮.

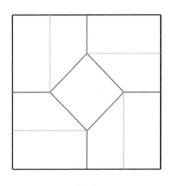

图 4

像这样，整张纸不剪不裁，通过折叠与聚合形成一个有一定密铺规律的图案的折纸门类，称作**镶嵌折纸**，附录六中展示了更精美的镶嵌折纸作品.

五、自锁正方形

如图 5 是一张绘有折痕图的 3×3 正方形网格纸，你能按照这些折痕，将这张纸折成一个面积为原来的 $\frac{1}{9}$ 的小正方形吗？

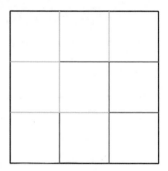

图 5

思考题

你能解决本节中的几个问题吗？

涂色正方体的展开图

我们知道，正方体的展开图一共有 11 种．如下图，一个六个面分别涂有不同颜色的正方体，它的展开图一共有多少种？（旋转可以得到的算一种展开图）

这个问题源于《最强大脑》第九季的第一期节目．我们容易想到，要计算一个六面涂有不同颜色的正方体的展开图数量，可以分别计算正方体的 11 种空白展开图对应的实际展开图的数量之和．

我们可以先从其中 1 种空白展开图入手找找规律，如图 1．

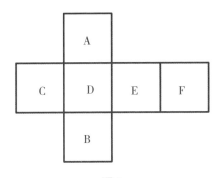

图 1

首先，A 的颜色有 6 种情况．当 A 的颜色确定时，B 的颜色就唯一确定了．接下来，C、D、E、F 一共有 4 种情况（想象正方体在桌面上水平翻滚），因此一共有 6×4=24（种）展开图．

虽然得出了结果，但这样对每种空白展开图单独进行计算比较麻烦，有没有统一的方式呢？

有．在每种空白展开图中都至少有一个 L 形，如图 2，这个 L 形的中心点 O 对应着正方体展开之前的某一个顶点．我们不妨先分析这个 L 形的颜色情况．

由于正方体有 8 个顶点，每个顶点周围有 3 个面，它们对应的 3 种颜色可以轮换，所以这个 L 形一共有 8×3=24（种）

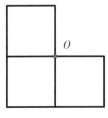

图 2

情况. 在 L 形的颜色确定之后, 其余 3 个面的颜色也就唯一确定了(正方体中相对的面的颜色是固定的). 所以答案就是 $11 \times 24 = 264$(种), 对吗?

别急. 如图 3, 可以看到, 在 11 种空白展开图中, 有 2 种是轴对称的, 4 种是中心对称的, 5 种是非对称的. 而不同的情况在计算时有一些不同.

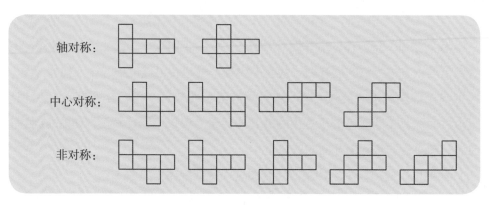

图 3

第一, 对于其中 2 种轴对称的空白展开图, 镜像之后的形状不变. 而对于另外 9 种非轴对称的空白展开图, 我们要考虑这些空白展开图的镜像情形[图 4(a)], 它们的实际展开图是完全不同的 [图 4(b)], 因此实际展开图的数量需要再乘 2.

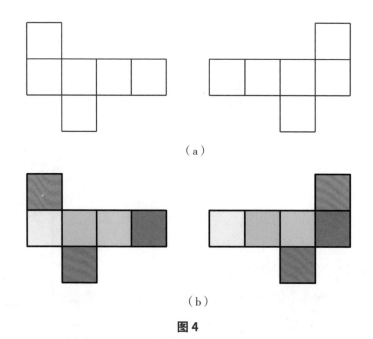

（a）

（b）

图 4

第二，对于其中 4 种中心对称的空白展开图，对应的实际展开图中有一半是重复计算的（图 5），因此实际展开图的数量需要再除以 2.

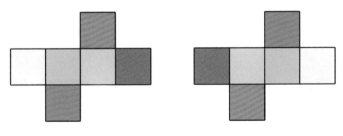

图 5

综上所述，一个六个面涂有不同颜色的正方体，一共有 $5 \times 24 \times 2 + 4 \times 24 \times 2 \div 2 + 2 \times 24 = 384$（种）不同的展开图.

思考题

如图 6，两幅呈镜像的实际展开图是否有可能是同一个正方体的展开图？

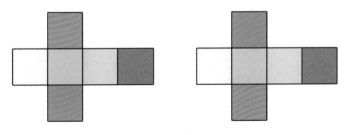

图 6

篮球涂色问题

如图 1，篮球上一共有 $A \sim H$ 这 8 个不同的区域．用红、黄、蓝 3 种颜色给每个区域涂色，要使得相邻的两个区域涂上的颜色不同，一共有多少种不同的涂色方式？

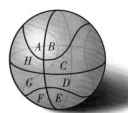

图 1

要涂色，最好先将立体图转化为平面图．我们可以将篮球的前面和后面分别"压平"，得到一个平面图形（在图论中这种操作被称为"**平面嵌入**"），如图 2 [其中（a）、（b）分别是在篮球外部、内部从前往后观察到的情况].

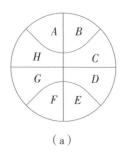

（a）

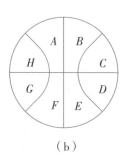

（b）

图 2

这两幅图要是能合并成一幅图多好！这其实并不难．我们可以在图 2（a）的基础上，将后面的部分"拉"到前面来，同时保持图 2（b）中的相邻关系（例如 B 依然和 A、C、E 相邻），然后再做一点变形处理，如图 3．你还能看出它是一个篮球吗？

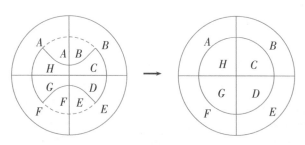

图 3

由于这幅图和篮球表面具有相同的相邻关系，我们只需讨论这幅图的涂色方式有多少种即可。为了方便，我们用1、2、3分别代表红、黄、蓝。如图4，不妨设 $H=1$，$A=2$，因为 C，G 都与 H 相邻，故 $C \neq 1$ 且 $G \neq 1$，则此时 (C, G) 的涂色方式有 4 种情况：(3，3)，(2，3)，(3，2)，(2，2)。

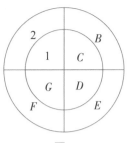

图4

下面对这 4 种情况进行分类讨论：

(1) 若 $(C, G) = (3, 3)$，则 $B=F=1$，易得 $(D, E) = (1, 2)$，(1，3) 或 (2，3)；

(2) 若 $(C, G) = (2, 3)$，则 $D=F=1$，易得 $(B, E) = (1, 2)$，(1，3) 或 (3，2)；

(3) 若 $(C, G) = (3, 2)$，根据对称性，和 (2) 一样有 3 种情况；

(4) 若 $(C, G) = (2, 2)$，则 (B, F) 可能为 (1，1)，(1，3)，(3，1)，(3，3)，对应的后续涂色方式分别有 3，2，2，3 种，共 10 种。

综上所述，一共有 $3 \times 2 \times (3+3+3+10) = 114$（种）不同的涂色方式。

思考题

文中的篮球叫作"spalding 篮球"，如果换成"molten 篮球"或排球（图5），还是用红、黄、蓝三种颜色涂色，又分别有多少种不同的涂色方式呢？

图5

剖分等价问题

如图 1（a），将一个等腰直角三角形分成 2 块，这 2 块可以拼成一个正方形．这种两个多边形在剖分之后经过重新组合可以互相得到的关系称为"**剖分等价**"．那么，一个等边三角形至少需要分成几块才能拼成一个正方形呢？

（a）　　　　　　　（b）

图 1

1902 年，英国著名的趣题大师亨利·杜德尼在《迈尔日报》上首次提出这一问题．1905 年，杜德尼向英国皇家学会做了报告，借助一个用红木和铜铰链制作的模型，公布了自己的答案——4 块，如图 2．

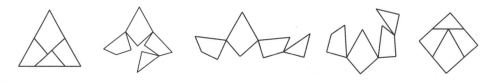

图 2

那么，杜德尼究竟是如何做到的呢？

如图 3，在边长为 2 的等边三角形 ABC 中，O、D、E 分别是 AB、AC 的中点．在 BC 上取点 F、G（点 F 在点 G 左侧），连接 FE，过 D、G 作 FE 的垂线，垂足分别为 M、N．设 $BF=a$，$FG=b$，$GC=c$，$FM=x$，$MN=y$，$NE=z$．根据同色的图形全等，将部分线段的长度标在图中．

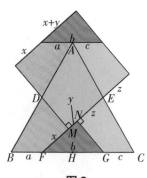

图 3

此时有 $\begin{cases} x+(x+y)=y+z+z, \\ a+c=b \end{cases}$ $\Rightarrow$ $\begin{cases} x=z, \\ b=\dfrac{1}{2}(a+b+c) \end{cases}$ $\Rightarrow$ $\begin{cases} FE=y+2z, \\ FG=\dfrac{1}{2}BC=1. \end{cases}$

所以 FE 就是正方形的边长．易算得 $\triangle ABC$ 的面积为 $\dfrac{1}{2}\times2\times\sqrt{3}=\sqrt{3}$，即正方形的面积为 $\sqrt{3}$，故 $EF=\sqrt[4]{3}$．当点 F 确定时，点 G、M、N 就唯一确定了．因此现在唯一的问题是如何在 BC 上找到一点 F，使得 $EF=\sqrt[4]{3}$．

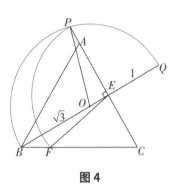

杜德尼发现了一种非常巧妙的方法．如图4，先在 BE 的延长线上截取 $EQ=EA=1$，然后取 BQ 的中点 O．以点 O 为圆心，BO 为半径作圆，交 CA 的延长线于点 P，则 $OP=OB=\dfrac{\sqrt{3}+1}{2}$，$OE=BE-OB=\dfrac{\sqrt{3}-1}{2}$，所以 $EP=\sqrt{OP^2-OE^2}=\sqrt[4]{3}$．此时以点 E 为圆心，EP 为半径作圆，与 BC 的交点即为点 F.

图 4

这一剖分方法后来成为了杜德尼最著名的几何学发现，并被运用到了一些实用的设计之中．英国建筑师格伦伯格还运用这种方法，设计了一个可旋转的房子．

图 5 亨利·杜德尼（1857-1930）

图 6 美国纽约数学博物馆中的休息凳

这里，我们介绍了等边三角形与正方形之间最少块数的剖分等价．除此之外，还有其他正多边形之间的最少块数的剖分等价问题，同学们可以进一步了解．

事实上，如果不要求块数最少，那么**任意两个多边形都剖分等价**，这一结论被称为**华莱士·波尔约·格温定理**，最早于 1807 年被证明．这里简单介绍一下证明思路．如图7，①任意多边形都能被剖分成若干个三角形；②任意三角形都能通过剖分变成矩形；③任意矩形都能通过剖分变成长宽比不超过 2 的矩形；④任意长宽比不超过 2 的矩形都能通过剖分变成正方形；⑤任意两个正方形可以通过剖分变成一个大正方形. 综上, 任意多边形都和一个正方形剖分等价, 所以任意两个多边形都是剖分等价的, 故命题得证.

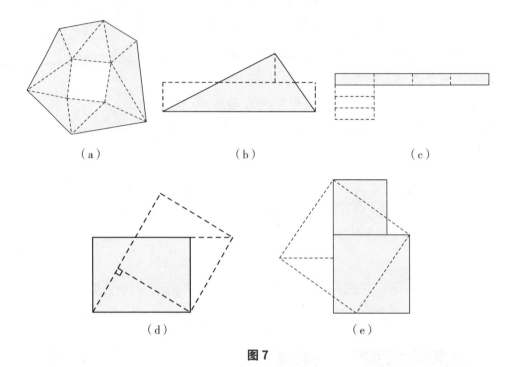

（a） （b） （c）

（d） （e）

图 7

有人说, 图 3 中的 $BF:FG:GC$ 的值正好是 $1:2:1$, 你认为这种说法对吗?

连线谜题

图论是现代数学的一门分支，和拓扑学一样，图论也起源于著名的哥尼斯堡七桥问题. 图论中的图是由若干给定的点及连接两点的线所构成的图形，这种图形通常用来描述某些事物之间的某种特定关系. 本节就用两道经典的连线谜题，带领同学们感受图论的神奇之处.

一、明修栈道

如图1（a），有3户人家 A，B，C，分别要修1条路连到相应的门 A'，B'，C' 处，要求3条小路之间互不交叉. 稍加尝试，不难找到答案.

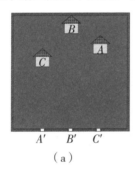

（a）

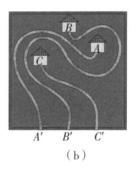

（b）

图1

现在，如果改成5户人家（图2），又应该怎么修这5条小路呢？

可能你会觉得有点难度了. 让我们重新观察3条小路的情形，如图1（b），B 和 B' 之间的小路将整个区域分成了左、右两个部分，其中 C 被分在了右侧，而 A 则被分在了左侧. 这是因为 A' 在 B' 的左侧，C' 在 B' 的右侧. 照此思路，你现在能完成5户人家的问题了吗？

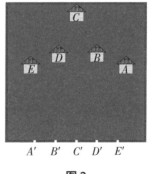

图2

二、线路规划

如图 3（a），有甲、乙、丙 3 栋房子，以及 3 个公共事业站——水站、天然气站和电力站．要求把每栋房子分别连接到这 3 个公共事业站，且所有路线不交叉，是否可能完成呢？

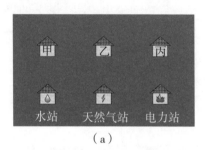

（a）

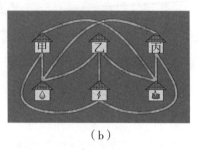

（b）

图 3

由题意，所有的路线一共有 3×3=9（条）．尝试发现，无论怎么画，最多只能画 8 条，如果再多画 1 条，则不可避免地会出现交叉 ［图 3（b）］．像这样任意两个点之间都有连线的图，在数学中被称为**完全图**．

借助图论的知识可以证明，这个任务是不可能完成的．有趣的是，如果将这个问题中的情形移动至甜甜圈上（图 4），就可以完成了．请你试一试．

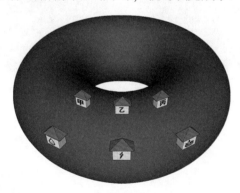

图 4

思考题

你能解决本节中的两个问题吗？

几何趣题集锦

与几何有关的谜题浩如烟海，下面是一些有趣的几何问题，一起来动动脑筋吧.

❶ 如图1，你能用一副三角尺拼出165°吗？

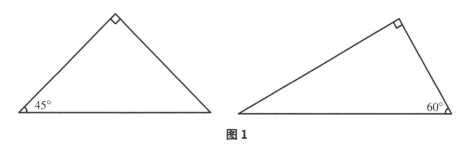

45°　　　　　　　　　　60°

图1

❷ 如图2（a），2条曲线最多可以将圆分成4个部分，那么3条曲线最多可以将圆分成多少个部分呢？〔规定每个部分至少由3段曲线组成，否则2条曲线就可以将圆分成任意多个部分，如图2（b）〕

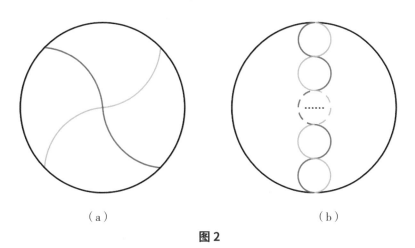

（a）　　　　　　　　　　（b）

图2

❸ 如图3，平面上有一个长1m，宽1dm的U形线框，它能穿过1cm宽的缝隙吗？（假设不能离开这个平面）

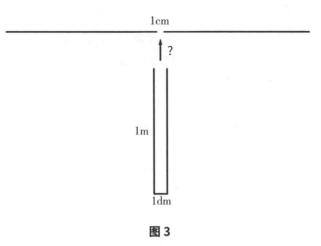

图3

❹ 如图 4 所示是一种常见的屋顶结构，其每个斜面的倾斜程度是相同的．下面给出了具有这种结构的正方形和长方形屋顶的俯视图，照此规律，你能画出图 5 中的两个屋顶的俯视图吗？

图4

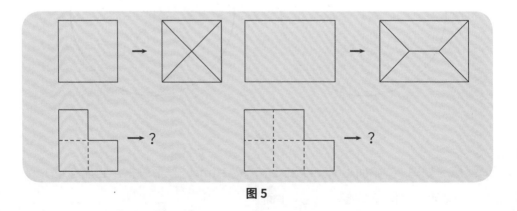

图5

❺ 如图 6，有 4 个大小不同的正方形，其中 3 个正方形的面积已经给出，则下列哪些选项可以表示第 4 个正方形的面积？（ 　　 ）

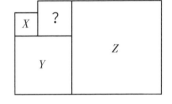

图 6

A. $(\sqrt{Y} - \sqrt{X})(\sqrt{Z} - \sqrt{Y})$

B. $\dfrac{X+Z-2\sqrt{XZ}}{4}$

C. $\dfrac{X+Z}{2} - Y$

D. $Y - \sqrt{XZ}$

❻ 给定一个无限大的正方形网格图，每个小正方形的边长为 1，用尺规作图作出长度为 $\sqrt{2021}$ 的线段，至少需要几步？（提示：$2021^2 = 5^2 + 6^2 + 14^2 + 42^2$）

❼ 如图 7（a），底面直径和高相等的两个相同的圆柱体垂直相交，其公共部分是下列选项中的哪个形状？三个这样的圆柱体两两垂直相交呢［图 7（b）］？

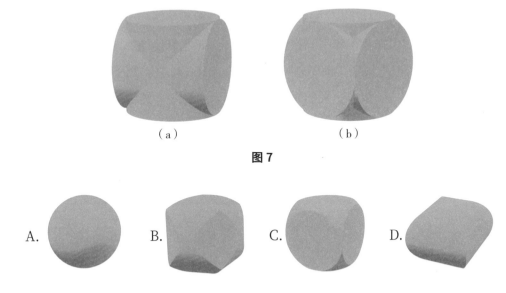

（a）　　　　　　　　　　　（b）

图 7

A. 　　B. 　　C. 　　D.

思考题

你能解决本节中的几个问题吗？

08 扫雷江湖

一、扫雷游戏简介

扫雷游戏是 Windows 系统自带的一款经典小游戏，至今已有三十多年的历史．其游戏规则如下：如图 1，在一个矩形网格中随机布置有一定数量的地雷，数字代表其周围的 8 个方格中含有的地雷数（简称雷数）．玩家需要通过数字推理，将所有没有地雷的格子点开．

和魔方一样，扫雷也有成绩排行榜，其中规模

图 1

较大的是世界扫雷排行榜和中国扫雷网排行榜．根据难度的不同，扫雷分为初级、中级和高级三个级别．世界总时间排名的前 100 名中，中国玩家占了六成，笔者也曾位居其中．值得一提的是，2020 年，年仅 12 岁的中国选手鞠泽恩以 28.84s 的成绩打破了波兰选手 Kamil 保持了数年之久的高级世界纪录．

二、扫雷中的数学推理

❶ 扫雷基本等式

如图 2，A、B 表示两个相邻方格中的数字，X、Y 分别表示左右两侧的雷数，则有 $A-B=X-Y$，这个式子被扫雷玩家们称为**扫雷基本等式**，它表示两个相邻的数字之差等于两侧的雷数之差．

这个等式有什么用呢？如图 2 (b)，当 $A=4, B=1$ 时，$X-Y=3$．又因为 $0 \leqslant X \leqslant 3$，$0 \leqslant Y \leqslant 3$，所以 $X=3$，$Y=0$，即 4 的左边有 3 颗雷，1 的右边没有雷．

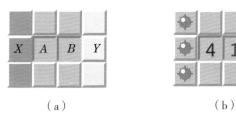

（a）   （b）

图2

❷ 扫雷定式

根据扫雷基本等式，我们还可以得到一些局面的固定推理方式．借用围棋中的术语，这些局面被称为**定式**．

（1）1-1 定式

当出现两个相邻的 1 时，这两个 1 两侧的雷数是相等的，要么同为 1，要么同为 0．如图 3，下方是边界．小旗表示已经判断出里面有雷．此时可以推出问号处的 3 个格子里均有雷．

图3

（2）1-2 定式

2 的一侧的雷数比 1 的一侧的雷数多 1．如图 4，当 2 的一侧只有 1 颗雷时，1 的一侧（问号处）必定都没有雷．

图4

通过将 1-1 定式和 1-2 定式进行组合，还能得到 1-2-1、1-2-2-1、2-1-2

定式，这里不再详细介绍，感兴趣的同学可以自行探究.

思考题

1. 雷在九宫格中的位置图叫作雷型. 数字 1 的雷型有 2 种，如图 5（可以通过镜像和旋转得到的算作同一种雷型）. 哪个数字的雷型数是最多的？

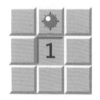

图 5

2. 在玩扫雷时常用的方法是假设法. 假设某个格子里有雷，如果能推出矛盾，就说明这个格子里没有雷. 请用假设法找出图 6 中的安全格子.

3. 如果将所有没有雷的格子换成有雷的格子，并将所有原来有雷的格子换成没有雷的格子，请证明所有数字之和不变.

图 6

你也能发明一个尼姆游戏

有 17 颗石子，甲、乙两人轮流取，每人每次取 1~3 颗，取到最后 1 颗的人获胜. 谁有必胜的策略呢？解法很简单，每轮回合中，后取的人总能将两人所取的石子总数保持为 3+1=4（个），因此只需将数量为 4 的倍数的石子一直留给对方，就一定能获胜.

这类游戏的名字叫作**巴什博弈**（Bash game），于 1624 年由法国数学家巴谢提出. 在电视剧《天才基本法》中，张亮和林朝夕对巴什博弈的规则进行了一些改变：每人在取子之后可以给对手提出新的取子数上限 m（$1 \leqslant m \leqslant 5$），此时谁有必胜策略呢？

首先，限制对手的选择总是对自己有利而无害的，因此不妨规定对手每次的取子上限数为 1；其次，先手只需将石子数为偶数的局面留给对方，这样总能将石子数为奇数的局面留给自己，从而拿到最后 1 颗. 具体的策略如图 1 所示.

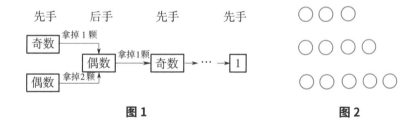

图 1   图 2

其实巴什博弈是**经典尼姆游戏**的一种特殊情况. 如图 2，有几堆石子，甲、乙两人轮流从某一堆中取任意多颗，取到最后 1 颗石子的获胜. 经典尼姆游戏早在 1901 年就由哈佛大学的数学家波顿借助二进制巧妙地解决了. 你可以先从石子数较少的 3 堆开始尝试，寻找规律.

下面简单介绍一下如何用二进制解决尼姆游戏. 以 (3,4,5) 这个局面为例，将 3、4、5 转化为二进制，分别为 11、100、101，然后对每一位分别进行**模 2 加法**运算（先相加，再求除以 2 的余数），结果是 "010"，如图 3.

	1	1
1	0	0
+ 1	0	1
0	1	0

图 3

此时先手只需使结果全部变成 0 即可，所以他可以将 11 变成 01，即在 3 的一堆中取走 2 颗石子. 而后手操作之后又会出现 1. 依此类推，先手必胜.

在尼姆游戏的基础上对规则进行适当的改变，就能衍生出各种尼姆游戏的变式. 改变游戏规则的方法主要有三类.

第一类，改变获胜规则，拿最后 1 颗的失败，这也被称为反式尼姆游戏.

第二类，改变取子规则. 比如每人每次可以从某一堆中取任意多颗，或者同时从两堆中取相同多颗，这叫作**威索夫游戏**；再比如，改成一排石子，每人每次可以取 1 颗或者相邻的 2 颗，这叫作**凯尔斯游戏**；另外，还可以将石子摆成一个正方形，每次可以从任意一行或一列中取任意多颗. 有一种被称为"灭鼠先锋（Last Mouse Lose）"的玩具便非常适合用来玩这一类游戏（图 4）.

虽然变化很多，但早在 20 世纪 40 年代，数学家斯普拉格和格伦迪就已经找到一种解决许多此类变式尼姆游戏的有力武器——**SG 函数**.

第三类，将尼姆游戏的博弈玩法和其他元素进行结合.

1. 与纸笔结合，成为**操作类博弈游戏**. 例如点格棋、伐木游戏等.

图 4

2. 与图形结合，成为**几何类博弈游戏**. 例如在一个 8×8 的正方形中轮流放置一副五联骨牌，规定首先放不下的人输.

3. 与数字结合，成为**运算类博弈游戏**. 例如两人在 2~100 之间轮流报数，报过的数及其倍数不能再报，首先无法报数的人输.

你不妨也自己尝试发明一种新的尼姆游戏.

思考题

有 17 颗石子，甲、乙两人轮流取，每人每次取 1~3 颗，取到最后 1 颗石子的人失败. 谁有必胜的策略呢？

10 囚犯们的难题

在趣味数学题中，有很多以囚犯为背景的题目，其中有的题目需要分析参与者之间的博弈关系（包括合作博弈与非合作博弈），例如著名的"囚徒困境"；有的则需要囚犯们集体商量一个策略，考查运筹和策略的相关知识．

一、百囚百帽问题

有 100 个囚犯，获得了一次释放的机会．如图 1，狱长让他们排成一列，并给每个囚犯戴上一顶黑色或白色的帽子．囚犯们从后往前依次猜测自己的帽子颜色，猜中的人可以获得释放．每个人只能看到前面所有人头上的帽子，并且能听到后面所有人所做的猜测．假设他们的目标是使尽可能多的人获得释放，并且他们可以提前商量一个策略，那么最多有多少人可以得到释放？

图 1

解决这个问题的关键在于如何让后面的囚犯为前面的囚犯提供信息．

我们容易想到这种策略：让编号为 2，4，6，…，100 的囚犯直接说出前一个囚犯的帽子颜色. 这样, 所有编号为奇数的囚犯都能确保释放. 同时, 编号为偶数的囚犯有一半的概率能得到释放, 因此平均有 $50+50 \times \frac{1}{2} = 75$（个）囚犯能得到释放. 是否有更好的策略呢？

有. 由于帽子的颜色只有黑、白两种, 我们可以利用奇偶性, 让第 100 个人的回答如下: 前 99 顶帽子中黑色帽子有奇数顶, 则猜黑色; 有偶数顶, 则猜白色. 这样, 第 99 个人就能据此判断自己的帽子颜色了. 同样地, 第 98 个人也能根据后面 2 个人的回答判断出自己的帽子颜色. 依此类推, 前 99 个人都能回答出自己的帽子颜色. 再考虑第 100 个人有 50% 的可能性回答正确, 因此平均有 99.5 个人能获得释放. 而实际上这已经是最优情况了——第 100 个囚犯没有任何额外信息, 只有 50% 的概率能获得释放.

二、平均数博弈

有 100 个互不认识的囚犯, 狱长告诉他们:"现在每个人有一次获得释放的机会. 请每个人写下一个 1~100 的正整数, 最后谁最接近平均数的 $\frac{2}{3}$, 谁就可以获得释放. 你们都非常聪明, 请珍惜这一次难得的机会."如果囚犯之间互不认识, 请问最终会有多少人获释？

你也许会认为, 这个博弈太复杂, 一是参加博弈的人太多, 二是每个人的选择也很多. 事实上, 并非如此.

在这个问题中, 有一个关键词"平均数的 $\frac{2}{3}$", 我们可以想一下, 哪些数是不应该写的. 假设所有人都写 100, 平均数的 $\frac{2}{3}$ 就是 $100 \times \frac{2}{3} \approx 66.7$, 如图 2. 要想接近平均数的 $\frac{2}{3}$, 所写的数就不应该超过 67. 既然每个人所写的数都不超过 67, 那么每个人所写的数也不应该超过 $100 \times \frac{2}{3} \times \frac{2}{3} \approx 44.4$……

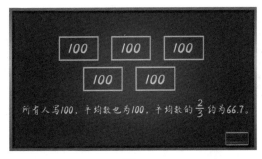

图 2

我们知道，当 n 逐渐增大时，$100 \times \left(\dfrac{2}{3}\right)^n$ 会无限地接近 0. 又因为每个人都非常聪明，最后的博弈结果就应该是每个人都写 1.

出人意料吧？你可能会想，如果某个人在这时有不一样的想法，结果会不一样吗？不妨假设他写 2，此时平均数的 $\dfrac{2}{3}$ 就是 $\dfrac{99+2}{100} \times \dfrac{2}{3} \approx 0.67$，还是 1 更接近.

可见，单个囚犯是没有动力去改变自己的选择的. 在博弈论中，这样的状态被称作**纳什均衡**，由美国数学家约翰·纳什提出. 因为相关的研究，纳什获得了 1994 年诺贝尔经济学奖.

 三、假币难题

2 名囚犯获得了一个释放的机会. 在一个房间里有一张桌子，桌上从左往右摆放着 3 枚硬币，其中有 1 枚是假币. 狱长让囚犯 A 进入房间，并告诉他哪枚硬币是假币. 囚犯 A 必须翻转 1 枚硬币，并离开房间. 之后，囚犯 B 进入房间，若他能指出哪枚是假币，则这 2 名囚犯都可以获得释放. 在开始之前，2 名囚犯可以商量一个策略，请问是否有策略，可以确保他们都得到释放？

我们不妨从只有 2 枚硬币的情况开始讨论. 当只有 2 枚硬币时，囚犯 A 可以用第 2 枚硬币的状态来表示假币的位置. 例如可以规定，"正面朝上"表示假币在左边，"反面朝上"表示假币在右边，如图 3. 这样囚犯 B 就能准确找出假币的位置了.

图 3

　　为了找出一般性的规律，我们可以进一步地解释这个现象．2 枚硬币一共有 4 种状态：（正，正）（正，反）（反，正）（反，反）．如果 1 和 0 分别表示硬币的正、反面，这 4 种状态就分别对应直角坐标系中的四个点 $(1,1)$ $(1,0)$ $(0,1)$ $(0,0)$．如图 4 (a)，其中 $(0,1)$ 和 $(1,1)$ 表示假币在左边，用红点表示；$(0,0)$ 和 $(1,0)$ 表示假币在右边，用蓝点表示．因犯 A 翻转一枚硬币的操作就相当于从某一个点的位置移动到相邻的另一个点．由于每个点的相邻两侧都各有一个红点和一个蓝点，因此不管初始位置是哪个点，总能在移动 1 步之后到达想要的状态．

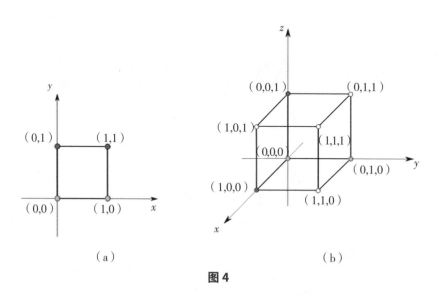

图 4

　　类似地，当有 3 枚硬币时，一共有 8 种不同的状态．这时，我们可以引入三维坐标系，如图 4 (b)．这 8 种状态分别对应了一个单位正方体的 8 个顶点．

现在，我们就将原问题转化为了一个新的问题：用 3 种颜色对这个单位正方体的 8 个顶点进行染色，任意 1 个顶点都与 3 种颜色的顶点相邻. 如图 4（b）所示，我们不妨先给（0，0，0）染上蓝色，再给与（0，0，0）相邻的 3 个顶点染上不同的颜色. 根据（1，1，0）的周围有 3 种颜色，可以推得点（1，1，1）是红色的，接下来点（1，0，1）的周围就不满足条件了.

因此这种染色方法是不存在的. 继而可知，不存在策略可以确保 2 名囚犯都获得释放.

思考题

在百囚百帽问题中，若每个人头上的帽子可能有黑、白、红 3 种颜色，最多有多少人可以确保获得释放？

参考答案

01 数字黑洞

1. $145 \rightarrow 42 \rightarrow 20 \rightarrow 4 \rightarrow 16 \rightarrow 37 \rightarrow 58 \rightarrow 89 \rightarrow 145$

2. 495

3. 2^{111}（可能不唯一）

02 形数

91

03 自恋数

1. 从 59 开始不会得到固定的数，而是会落入"217—352—160"的循环圈中：$5^2+9^2=106$，$1^3+0^3+6^3=217$，$2^3+1^3+7^3=352$，$3^3+5^3+2^3=160$，$1^3+6^3+0^3=217$；从 89 开始会得到固定的数 370：$8^2+9^2=145$，$1^3+4^3+5^3=190$，$1^3+9^3+0^3=730$，$7^3+3^3+0^3=370$.

2.（1）$4155=4^5+1^4+5^1+5^5$.

（2）$3545=3^3+5^5+4^4+5^5$. 可以看到，每个底数和指数恰好是一样的，具有这种性质的数叫作闵希豪森数，事实上这样的数只有 2 个，另一个是 1.

04 自守数

1787109376

05 回文数

1. 12 个．包括 20011002、20100102、20111102、20200202、20211202、20300302、20400402、20500502、20600602、20700702、20800802、20900902.

2．不存在．对任意一个位数为 4 的回文数 $\overline{abba}$，有 $\overline{abba}=\overline{a00a}+\overline{bb0}=a\times1001+b\times110=11（91a+10b）$，可见它是一个合数.

06 斐波那契数列

4147．由文中的性质（3）可知，斐波那契数列的第 m 项到第 n 项之和＝前 n 项之和－前（$m-1$）项之和＝［第（$n+2$）项 -1］－［第（$m+1$）项 -1］＝第（$n+2$）

项－第（$m+1$）项，即用后面第2项的数减去第2项即可：987+1597=2584，2584+1597=4181，4181－34=4147.

07 黄金比例

任意两个相邻顶点之间的距离都是相同的，它是一个正二十面体，如答图1.

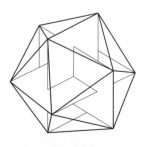

答图1

08 $\sqrt{2}$

A系列的纸，对折之后，长宽比不变$\left(\sqrt{2}:1=1:\dfrac{\sqrt{2}}{2}\right)$. 根据这一特点，可以很轻松地实现等比例缩放等操作，便于打印和复印.

09 金属比例

1. 设金属比例为x，于是有

$$n+\frac{1}{x}=x \Leftrightarrow x^2-nx-1=0 \Leftrightarrow x=\frac{n+\sqrt{n^2+4}}{2}.$$

2. 如答图2，利用正八边形的内角为135°，易得第二长的对角线与边长之比即为白银比例$\sqrt{2}+1$.

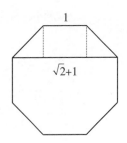

答图2

第二篇　大千图形

01 正多边形

(1)

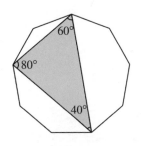
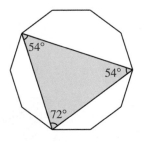

答图3

(2)

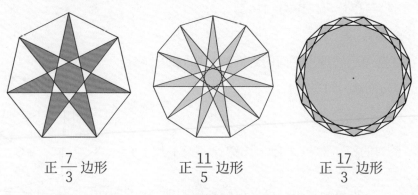

正 $\frac{7}{3}$ 边形　　　　正 $\frac{11}{5}$ 边形　　　　正 $\frac{17}{3}$ 边形

答图 4

02　五联骨牌

1. 6 联钻石有 12 种，4 联蜂窝有 7 种，如答图 5.

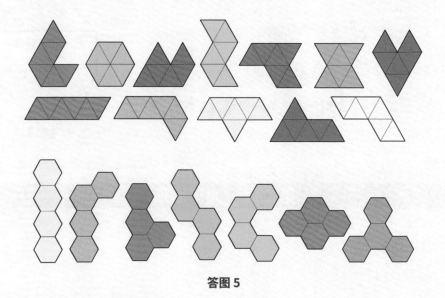

答图 5

2. 如答图 6.

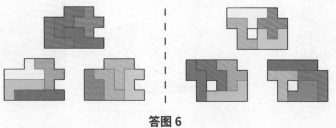

答图 6

3. 最少放 5 块, 如答图 7 (摆法不唯一).

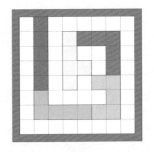

答图 7

4. 都可以, 放法如下.

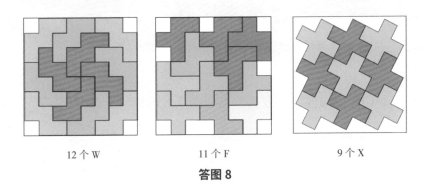

12 个 W   11 个 F   9 个 X

答图 8

03　莱洛三角形

井盖被设计成圆形, 一个重要的原因是如果设计成其他形状 (如正方形) 的话, 在施工的时候井盖就可能沿着对角线掉入井中, 而圆形的井盖则不存在这个问题. 出于同样的考虑, 井盖还可以设计成莱洛三角形等定宽曲线的形状.

04　密铺 (一)

$AB+CD=BC$, $\angle B = \angle C = \angle AOD = 120°$.

05　密铺 (二)

如答图 9, 一白一黑两只飞鸟组成了一个密铺单元, 这是基于一种平行六边形的密铺, 其特征为三组对边分别平行且相等.

06　平面图形的对称性

(a) p1; (b) p31m

答图 9

07 分形

$$\left(\frac{4}{3}\right)^5 = \frac{1024}{243}$$

08 正多面体

$V-E+F=2$. 这就是著名的多面体欧拉公式, 对于所有的简单多面体 (直观来说, 就是没有空洞的多面体) 均适用. 这里的"空洞"在拓扑学中叫作"亏格", 而每增加 1 个空洞, 等式右边的数就会减少 2.

09 半正多面体

$\sqrt{2}-1$

10 约翰逊多面体

5 种. 双三角台塔有 1 种, 双四角台塔和双五角台塔各有 2 种. 有 1 种"双三角台塔"即截半立方体, 它属于阿基米德体.

11 白银家族

如答图 10, 依次连接正方体的 4 个顶点, 可以将正方体分成 1 个正四面体和 4 个三棱锥. 将正四面体从中心四等分, 再分别分配给各个三棱锥, 就得到了 4 个全等的六面体.

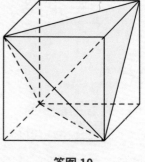

12 星体

1. 正方体和正八面体

2. 截半立方体

答图 10

13 莫比乌斯带

2; 3

14 纽结与链环

右手三叶结

第三篇　谜题世界

01 图形的变换

由题意, 每进行 2 次 "D 变换", 就会增加 8 个单独的正方形. 因此连续进行 5 次"D 变换", 就相当于在进行 1 次"D 变换"的基础上加上 8×2=16 (个) 单独的正方形. 而进行 1 次"D 变换"后的图形中有 13+4+1=18 (个) 正方形, 因此一共有 18+16=34 (个) 正方形.

02 与纸有关的谜题

1. 如答图 11, 将 A4 纸沿虚线剪开, 然后将红线和蓝线朝着不同的方向折叠即可.

2. 如答图 12, 只需用 3 个 L 形拼成一个轴对称图形即可, 这样沿对称轴翻折之后就变成了由 3 个 J 形拼成的图形.

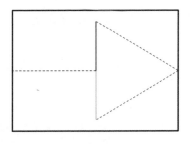

答图 11

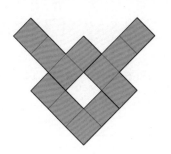 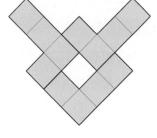

答图 12

3. 下面提供了 3 种不同的方法, 其中第 3 种方法需要将其中一张纸过中心对折一下. 可以算得, 这 3 种方法分别可以覆盖边长约为 5.014、5.251、5.315 的等边三角形.

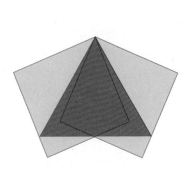  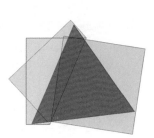

答图 13

4. 略

5. 先按照答图 14 所示的顺序折叠,形成一个"日"字,再将下半部分的 3 层纸塞入上半部分的中间即可. 最后得到的小正方形是一个自锁的稳定结构.

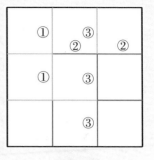

答图 14

03 涂色正方体的展开图

不可能. 这两幅图只能由两个互为镜像的涂色正方体展开得到.

04 篮球涂色问题

(1) 答图 15 (a) 是 molten 篮球的平面图, 不妨设 A 为红色, B 为黄色, 此时 (C、D) 一共有 (红, 黄) (红, 蓝) (蓝, 黄) 这 3 种涂色方式, (E、F) 一共有 (黄, 红) (黄, 蓝) (蓝, 红) 这 3 种涂色方式. 同样地, 另外三个小圆圈也分别有 3 种涂色方式. 因此 molten 篮球的涂色方式有 $3 \times 2 \times 3 \times 3^4 = 1458$ (种).

(2) 如答图 15 (b) 所示, 不妨设 A 为红色, B 为黄色, 可以推出, 剩下的所有区域只有 1 种涂色方式. 因此排球的涂色方式有 $3 \times 2 = 6$ (种).

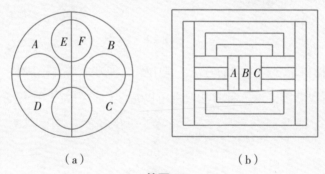

（a） （b）

答图 15

05 剖分等价问题

过点 E 作 $EM \perp BC$, 则 $FM = \sqrt{EF^2 - EM^2} = \sqrt{\sqrt{3} - \dfrac{3}{4}} \neq 1$, 这种说法不对.

06 连线谜题

1. 如答图 16 所示.

2. 如答图 17 所示.

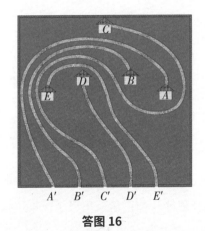

答图 16

答图 17

07　几何趣题集锦

1. 如答图 18 所示，摆法不唯一．

2. 9 个，如答图 19 所示．

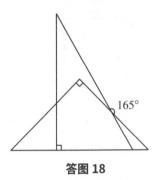

答图 18

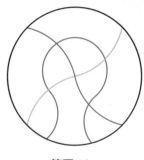

答图 19

3. 如答图 20 所示，我们可以反过来，让 U 形线框作为参照物固定不动，然后移动缝隙．容易看出，是可以穿过的．

4. 如答图 21 所示．

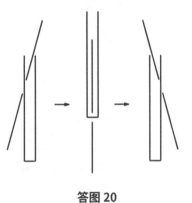

答图 20

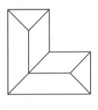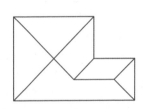

答图 21

5. 正方形的边长为 $\sqrt{Y} - \sqrt{X} = \sqrt{Z} - \sqrt{Y} \Rightarrow \sqrt{Y} = \dfrac{\sqrt{X} + \sqrt{Z}}{2}$, A 正确;

正方形的面积 $S = \left(\sqrt{Y} - \sqrt{X}\right)^2 = \left(\dfrac{\sqrt{Z} - \sqrt{X}}{2}\right)^2 = \dfrac{X + Z - 2\sqrt{XZ}}{4}$, B 正确;

将 $Y = \left(\dfrac{\sqrt{X} + \sqrt{Z}}{2}\right)^2 = \dfrac{X + Z + 2\sqrt{XZ}}{4}$ 分别代入 C、D, 发现也都是正确的.

故四个选项都正确.

6. 因为 $2021^2 = 5^2 + 6^2 + 14^2 + 42^2$, 观察发现 42 正好是 14 的 3 倍, 要是能把 5 改成 2 就好了——因为 2：6=14：42, 这样就能构造直角三角形了. 不过我们依然可以利用这一点. 如答图 22, 利用正方形格点确定点 A、B、C、D、E、F, 其中 $\angle B = \angle D = 90°$, $AB=42$, $BC=14$, $CD=6$, $DF=2$, $EF=3$.

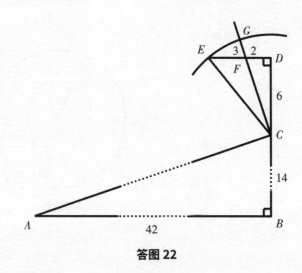

答图 22

然后以点 C 为圆心, CE 为半径作圆. 射线 CF 交圆 C 于点 G, 连接 AG 即为所求.

证明如下:

$\because \dfrac{AB}{BC} = \dfrac{CD}{DF}$, $\therefore \triangle ABC \backsim \triangle CDF$, $\therefore AC \perp CF$.

$\because CG = CE = \sqrt{5^2 + 6^2}$, $AC = \sqrt{14^2 + 42^2}$,

$\therefore AG = \sqrt{AC^2 + CG^2} = \sqrt{5^2 + 6^2 + 14^2 + 42^2} = \sqrt{2021}$.

7. D; B. 这两个圆柱体的公共部分叫作牟合方盖, 由我国古代数学家刘徽发现, 其三视图分别为两个圆和一个正方形; 三个圆柱体的公共部分并非球体，而是选项 B，但其三视图和球体一样，都是三个圆.

08　扫雷江湖

1. 如答图 23，7 的雷型数也是 2 种. 类似地，2 和 6、3 和 5 的雷型数分别是一样的. 于是只需比较数字 1、2、3、4 的雷型数即可，它们分别为 2、6、10、13 种. 所以数字 4 的雷型数是最多的.

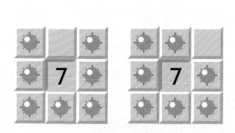

答图 23

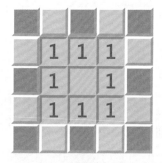

答图 24

2. 如答图 24，绿色的格子是安全格子.

3. 在有雷的格子和周围 8 个格子之间分别画一个箭头. 根据规则可知，箭头的数量就是所有数字之和. 题目中的操作相当于把箭头调转方向，此时，箭头的数量是不变的，故数字之和也不变.

09　你也能发明一个尼姆游戏

取得最后 1 颗石子的人失败，相当于取得倒数第 2 颗石子的人获胜. 因此这个游戏和巴什博弈中 16 颗石子的情况是一致的. 16÷（1+3）=4，故后手必胜.

10　囚犯们的难题

当只有 2 种颜色的帽子时，实际上利用的是 2 进制；类似地，当有 3 种颜色的帽子时，我们可以利用 3 进制. 答案依然是有 99 人可以确保获得释放. 这里有两种不同的方法，其中方法二复杂一些，但是思路和方法一不同，同学们可以参考.

【方法一】第 100 个人报他看到的白色与红色帽子数量之差除以 3 的余数（例如报黑、白、红分别代表余数为 0、1、2），这样第 99 个人可以据此推出自己的帽子颜色. 例如，假设第 100 个人报的是红色，第 99 个人观察到的黑、白、红的帽子数量分别为 18 顶、54 顶、26 顶. 则不难推出他自己的帽子颜色为白色. 前面的人则综合所有信息进行推理.

【方法二】第 100 个人也可以报他看到的黑、白、红 3 种颜色的帽子数量分别除以 3 的余数情况, 如下表. 例如, 报黑色代表余数分别为 (1, 0, 2) 或 (2, 1, 0) 或 (0, 2, 1).

黑色	(1, 0, 2)	(2, 1, 0)	(0, 2, 1)
白色	(2, 0, 1)	(1, 2, 0)	(0, 1, 2)
红色	(0, 0, 0)	(1, 1, 1)	(2, 2, 2)

让我们来看看第 99 个人是如何据此推出自己的帽子颜色的. 首先, 由于他前面有 98 个人, $98 \div 3 = 32 \cdots \cdots 2$, 因此他自己看到的情况可能有 9 种: (0, 1, 1) (1, 0, 1) (1, 1, 0) (0, 0, 2) (2, 0, 0) (0, 0, 0) (1, 2, 2) (2, 1, 2) (2, 2, 1).

不妨设他看到的是 (1, 0, 1), 则第 100 个人看到的情况只有 3 种: (2, 0, 1) (1, 1, 1) (1, 0, 2), 它们分别在上表的不同行中. 根据第 100 个人回答的颜色, 第 99 个人总能唯一确定是哪种情况, 再据此推出自己的帽子颜色. 例如 (2, 0, 1) 说明自己的帽子是黑色. 前面的人则综合所有信息进行推理.

附录一　能密铺平面的凸五 / 六边形

一、能密铺平面的凸五边形

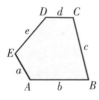

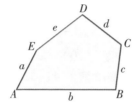

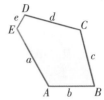

1. $\angle B+\angle C=180°$

2. $a=c$，$\angle A+\angle C=180°$

3. $a=b+e$，$d=c$，
$\angle A=\angle C=\angle E=120°$

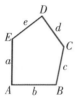

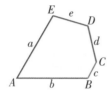

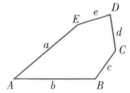

4. $a=b$，$d=e$，
$\angle A=\angle D=90°$

5. $a=b$，$d=e$，
$\angle A=60°$，$\angle D=120°$

6. $a=b$，$c=d=e$，
$2\angle A=\angle D$，$\angle A+\angle C=180°$

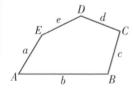

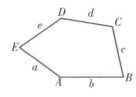

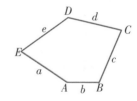

7. $a=c=d=e$，
$2\angle B+\angle E=\angle C+2\angle D=360°$

8. $a=c=d=e$，
$2\angle A+\angle E=2\angle B+\angle D=360°$

9. $a=c=d=e$，
$2\angle A+\angle E=2\angle C+\angle D=360°$

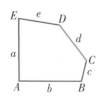

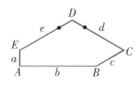

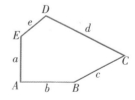

10. $a=b=c+e$，$\angle A=90°$，
$\angle B+\angle E=180°$，
$\angle B+2\angle C=360°$

11. $2a+c=d=e$，$\angle A=90°$，
$2\angle B+\angle C=360°$，
$\angle C+\angle E=180°$

12. $2a=d=c+e$，$\angle A=90°$，
$2\angle B+\angle C=360°$，
$\angle C+\angle E=180°$

附录一　能密铺平面的凸五 / 六边形　　**115**

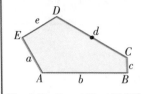

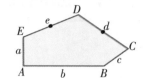

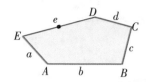

13. $d=2a=2e$, $\angle B=\angle E=90°$,
    $2\angle A+\angle D=360°$

14. $2a=2c=d=e$,
    $2\angle B+\angle C=360°$,
    $\angle C+\angle E=180°$

15. $a=c=e$, $b=2a$, $\angle A=150°$,
    $\angle B=60°$, $\angle C=135°$,
    $\angle D=105°$, $\angle E=90°$

发现人：第1—5类，莱因哈特（德国，1918）；第6—8类，克什纳（美国，1969）；第10类，理查德·詹姆士（美国，1976）；第9、11—13类，玛乔丽·赖斯（美国，1976-1977）；第14类，罗夫斯特（德国，1985）；第15类，卡西·曼夫妇及学生冯·德劳（美国，2015）

二、能密铺平面的凸六边形

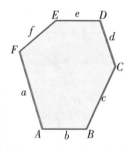

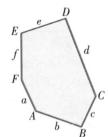

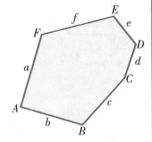

1. $b=e$, $\angle B+\angle C+\angle D=360°$

2. $a=c$, $b=e$,
   $\angle A+\angle C+\angle D=360°$

3. $b=c$, $d=e$, $a=f$,
   $\angle B+\angle D+\angle F=120°$,

发现人：莱因哈特（德国，1918）

附录二 4 种无周期性砖块组及其密铺方式

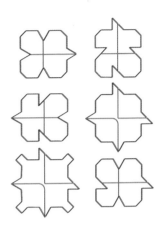 

发现人：拉斐尔·罗宾逊（1971 年）

 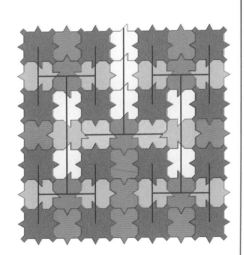

发现人：罗伯特·阿曼（1977 年）

发现人：罗杰·彭罗斯（约 1974 年）

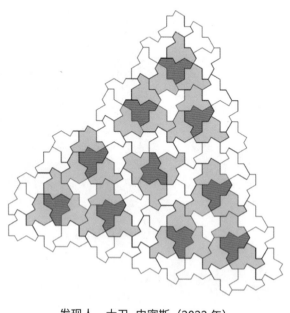

发现人：大卫·史密斯（2022 年）

附录三 常见多面体的展开图

一、正方体的展开图

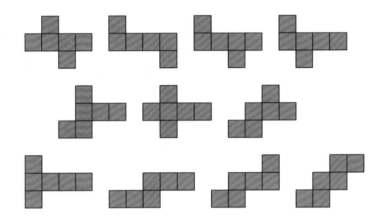

二、正八面体的展开图

三、阿基米德体的一种展开图

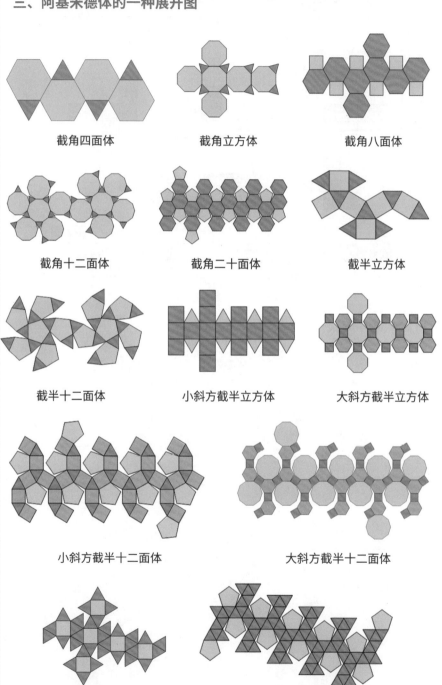

截角四面体　　　　　　截角立方体　　　　　　截角八面体

截角十二面体　　　　　截角二十面体　　　　　截半立方体

截半十二面体　　　　小斜方截半立方体　　　大斜方截半立方体

小斜方截半十二面体　　　　　大斜方截半十二面体

扭棱立方体　　　　　　　　扭棱十二面体

附录四　阿基米德体与卡特兰体的对偶关系

一、阿基米德体

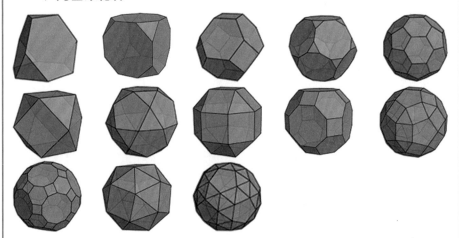

1. 截角四面体　2. 截角立方体　3. 截角八面体　4. 截角十二面体　5. 截角二十面体
6. 截半立方体　7. 截半十二面体　8. 小斜方截半立方体　9. 大斜方截半立方体
10. 小斜方截半十二面体　11. 大斜方截半十二面体　12. 扭棱立方体　13. 扭棱十二面体

二、卡特兰体

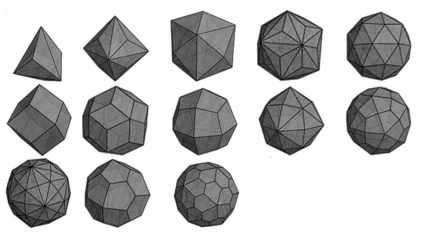

1. 棱锥四面体　2. 三角化八面体　3. 四角化六面体　4. 三角化二十面体　5. 五角化
十二面体　6. 菱形十二面体　7. 菱形三十面体　8. 六角化八面体　9. 筝形二十四面体
10. 六角化二十面体　11. 筝形六十面体　12. 五边形二十四面体　13. 五边形六十面体

（相同序号的阿基米德体与卡特兰体互为对偶）

附录五　92 种约翰逊多面体的分类

	正棱锥	正台塔	正丸塔
一	基本几何体（6 种）		
正棱锥	双锥（2 种）		
正台塔		双台塔（5 种）	台塔丸塔（2 种）
正丸塔			双丸塔（1 种）
棱柱	锥柱(3种)，双锥柱(3 种)，侧锥柱(9种)	台塔柱（3 种），双台塔柱（5 种）	丸塔柱（1 种）、双丸塔柱（2 种）
		台塔丸塔柱 (2 种)	
反棱柱	锥反棱柱（2 种），双反棱锥柱（1 种）	台塔反棱柱（3 种），双台塔反棱柱（3 种）	丸塔反棱柱（1 种），双丸塔反棱柱（1 种）
		台塔丸塔反棱柱（1 种）	
正多面体	侧锥正多面体(4种)，正多面体欠侧锥（3 种）		
阿基米德体		侧台塔正多面体（7 种），正多面体欠侧台塔（12 种）	
	其他 10 种约翰逊多面体		

附录六　镶嵌折纸

一、2×2 的正方形螺旋折痕图

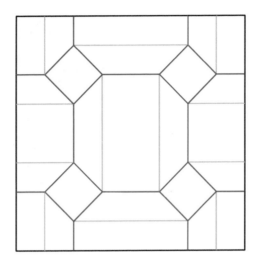

二、4×4 的正方形螺旋折痕图

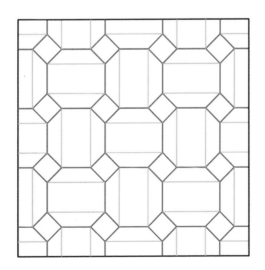

三、镶嵌折纸作品欣赏 (设计者：傅薇,国际折纸奥林匹克竞赛出题人)

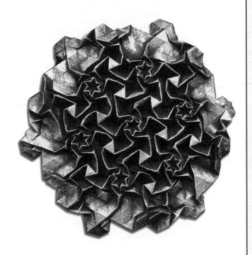

重要词汇中英文对照表

形数 figurate numbers

自恋数 narcissistic number

斐波那契数列 Febonacci sequence

五联骨牌 pentominoes

多联骨牌 polyomino

多联蜂窝 polyhex

多联钻石 polyiamond

莱洛三角形 Reuleaux triangle

密铺 tessellation

凸五边形单密铺 pentagonal tiling

平移 translation

镜像（反射）reflection

旋转 rotation

滑移反射 glide

周期性密铺 periodic tiling

非周期密铺 non-periodic tiling

无周期性砖块组 aperiodic monotiles

墙纸群 wallpaper group

分形 fractal

正多面体 regular polyhedron

正六面体 cube

正四 / 八 / 十二 / 二十面体 regular tetrahedron/octahedron/dodecahedron/ icosahedron

半正多面体 semi-regular polyhedra

阿基米德体 Archimedean solid

截角四面体 / 立方体 / 八面体 / 十二面体 / 二十面体 truncated tetrahedron / cube/octahedron /dodecahedron/ icosahedron

截半立方体 cuboctahedron

截半十二面体 icosidodecahedron

大 / 小斜方截半立方体 great/small rhombicuboctahedron

大 / 小斜方截半十二面体 great/small rhombicosidodecahedron

扭棱立方体 snub cube

扭棱十二面体 snub dodecahedron

卡特兰体 Catalan solid

菱形十二面体 rhombic dodecahedron

六角化八面体/四角化菱形十二面体hexakis octahedron/disdyakis dodecahedron

菱形三十面体 rhombic triacontahedron

筝形六十面体 deltoidal hexecontahedron

五边形二十四面体 pentagonal icositetrahedron

五边形六十面体 pentagonal hexecontahedron

三角化八面体 small triakis octahedron

五角化十二面体 pentakis dodecahedron

四角化六面体 tetrakis hexahedron

约翰逊多面体 Johnson solid

正三 / 四 / 五角台塔 triangular/square/
  pentagonal cupola

正五角丸塔 pentagonal rotunda

棱柱 prism

反棱柱 antiprism

棱锥 pyramid

双锥 dipyramid

同相双三角台塔柱 elongated triangular
  orthobicupola

异相五角台塔丸塔 pentagonal
  gyrocupolarotunda

双四角台塔反棱柱 gyroelongated square
  bicupola

双锥五棱柱 biaugmented pentagonal prism

二侧锥六棱柱 metabiaugmented
  hexagonal prism

双侧台塔截角十二面体 parabiaugmented
  truncated dodecahedron

球形屋根 sphenocorona

埃舍尔多面体 Escher's solid

星体 star polyhedron

复合多面体 compounds

大 / 小星状正十二面体 great/small
  stellated dodecahedron

大正十二面星体 great dodecahedron

大正二十面星体 great icosahedron

开普勒 - 庞索多面体 the Kepler-Poinsot
  polyhedra

2 个正四面体的复合多面体 tetrahedron
  2-compound

正方体和正八面体的复合 cube-octahedron
  compound

莫比乌斯带 Möbius strip

扭结 knot

平结 square knot

祖母结 granny knot

博罗梅安环 Borromean rings

布鲁恩链环 Brunnian link

国际益智游戏谜题大会 International Puzzle
  Party

华莱士·波尔约·格温定理 Wallace-Bolyai-
  Gerwien theorem

参 考 文 献

[1] 马丁·加德纳. 矩阵博士的魔法数 [M]. 谈祥柏, 译. 上海: 上海科技教育出版社, 2001.

[2] 劳斯·鲍尔, 考克斯特. 数学游戏与欣赏 [M]. 杨应辰, 等译. 上海: 上海教育出版社, 2001.

[3] 埃尔温·伯莱坎普, 约翰·康威, 理查德·盖伊. 稳操胜券（上）[M]. 谈祥柏, 译. 上海: 上海教育出版社, 2003.

[4] 伊凡斯·彼得生. 数学与艺术: 无穷的碎片 [M]. 袁震东, 林磊译. 上海: 上海教育出版社, 2007.

[5] 章丽娜. 镶嵌中的数学与艺术 [J]. 中学教研（数学）, 2008（9）: 49-51.

[6] 常文武, 梁海声. 如何用一张纸连续分隔空间 [J]. 科学, 2012, 64（3）: 56-58.

[7] 顾森. 思考的乐趣: Matrix67 数学笔记 [M]. 北京: 人民邮电出版社, 2012.

[8] 江苏省数学文化素质教育资源库编委会. 数学文化素质教育资源库 [M]. 江苏: 江苏凤凰教育出版社, 2013.

[9] 马力仲. A4 复印纸与萨默维尔四面体 [J]. 中小学数学（高中版）, 2014（11）: 60-61.

[10] 柳柏濂. 剖分和组合: 从七巧板到水立方 [M]. 北京: 科学出版社, 2014.

[11] 克利福德·皮寇弗. 数学之书 [M]. 陈以礼, 译. 重庆: 重庆大学出版社, 2015.

[12] 陈梅, 陈仕达. 妙趣横生的数学常数 [M]. 北京: 人民邮电出版社, 2016.

[13] 莫海亮. 游戏中的数学 [M]. 北京: 电子工业出版社, 2016.

[14] 谈祥柏. 谈祥柏趣味数学详谈 [M]. 江苏: 江苏凤凰教育出版社, 2018.

[15] 永原和聪. 美拼瓷砖: 可无限铺砌的神奇的平铺图案 [J]. 孙翠翠, 译. 科学世界, 2018（8）: 82-93.

[16] 李有华. 老师没教的数学 [M]. 北京: 电子工业出版社, 2019.

[17] 约翰·布莱克伍德. 数学也可以这样学: 大自然中的几何学

[M]. 林仓亿，苏惠玉，苏俊鸿译. 北京：人民邮电出版社，2020.

[18] 马丁·加德纳. 分形与空当接龙 [M] 涂泓，译. 上海：上海科技教育出版社，2020.

[19] 365 数学趣味大百科. 日本数学教育学会研究部，日本《儿童的科学》编辑部 [M]. 北京：九州出版社，2021.

[20] 顾森. Matrix67:The Aha Moments. [EB/OL]. [2023-06-18]. http://www.matrix67.com/blog.

[21] 同济大学. 科普讲堂网. [EB/OL]. [2023-06-18]. www.kpjtw.com.

[22] N.J.A.Sloane. The On-Line Encyclopedia of Integer Sequences. [EB/OL]. [2023-06-18]. https://oeis.org.

[23] Wolfram Research, Inc.Geometry. [EB/OL]. [2023-06-18]. https://mathworld.wolfram.com/topics/Geometry.html.

[24] Jolyon Ralph. Photos. [EB/OL]. [2023-06-18]. http://mindat.org.

[25] Wolfram Research, Inc. WolframAlpha. [EB/OL]. [2023-06-18]. http://www.wolframalpha.com.

[26] Dirk Frettlöh. Tilings Encyclopedia. [EB/OL]. [2023-06-18]. https://tilings.math.uni-bielefeld.de.

[27] Alain Nicolas. FIGURATIVE TESSELLATION METHOD. [EB/OL]. [2023-06-18]. en.tessellations-nicolas.com/method.php.

[28] David.Smith. POLYHEDRA, SHAPES, TESSELLATIONS AND PATTERNS. [EB/OL]. [2023-06-18]. hedraweb.wordpress.com.

[29] Lee Stemkoski. Archimedean Solid. [EB/OL]. [2023-06-18]. https://stemkoski.github.io/Three.js/Polyhedra.html.

[30] Miguel Cardil. Geometry. [EB/OL]. [2023-06-18]. http://www.matematica-svisuales.com/english/index.html

[31] Philipp. The Mathematical Playground. [EB/OL]. [2023-06-18]. https://mathigon.org.

[32] Craig.S.Kaplan. The Bridges Achieve. [EB/OL]. [2023-06-18]. https://archive.bridgesmathart.org.